キッチンサイエンスラボ

親子で楽しむ52の科学体験

Liz Lee Heinecke —— 著

竹内 薫 —— 監訳

竹内 さなみ —— 訳

O'REILLY®
オライリー・ジャパン　Make:

Kitchen Science Lab for Kids

52 Family-Friendly Experiments from Around the House

Liz Lee Heinecke

チャーリー、メイ、そしてサラへ。

目 次

おうちの方へ｜実験を行う前に、かならずお読みください

・本書の実験にはすべて「安全のためのコツとヒント」が記載されていますが、お子さまの安全面には十分注意をはらうようにしてください。読者の安全は読者自身の責任で確保していただくようお願いいたします。出版社、監訳者、翻訳者は本書に記載されている実験または手順に起因するいかなる損失、傷病、損傷に対しても責任を負いません。
・環境や条件が全く同じではないため、本書と実験結果が全く同じになるとはかぎりません。読者の個々の環境を把握しかねるため、出版社では適用できなかった結果についてサポートをすることはできません。ご了承ください。

はじめに

◇◇◇◇◇◇◇◇◇◇◇◇◇◇◇◇◇

子どもたちと科学の出会いの場として、わが家にまさる場所はありません。

子どもたちの好奇心と創造力に最初に火がつくのは、自宅のキッチンやお庭です。わが家はすばらしい科学の世界を探究していくのにぴったりな場所なのです。時間制限や成績というプレッシャーにしばられず、慣れた環境で実験をすることで、子どもたちは科学が決して難しいものでも怖いものでもなく、いたる場所に見出せるものであることがわかるのです。なにより良い点は、すでに手元にある物を使ってたくさんの課題をこなせることです。

わたしは子どもの頃、単語の当てっこゲームや、石を集めたり、カエルを捕ったりといった遊びを通して自然界への興味が後押しされ、ついには科学とアートを専攻するまでになりました。研究室で机に向かう日々を10年送ったあと、わたしは新しい冒険に乗り出しました。3人の幼い子どもたちと家で過ごすことにしたのです。

いちばん下の子が2歳のとき、わが家のカレンダーに"水曜日は科学の日"という予定を加えました。子どもたちは毎週、理科の実験をしたり、自然観察のお散歩をしたり、動物園や科学博物館へ出かけるのを楽しみにしていました。こうした楽しいやり方で、ふつうのお絵かきや粘土遊びから科学へと物事をシフトさせたのです。

残念ながら、わたしがさせたかった実験の多くは特殊な器具が必要でしたが、3人の子どもたちを工具店に引きずっていくのだけはごめんでした。そこで研究室での経験を頼りに、3つの目標を念頭に置きながら、従来の科学実験をカスタマイズして、いくつか新しい実験を組み立てました。3つの目標とは、いちばん下の子でも安全にできること、いちばん年上の子も興味をもって取り組めること、できるかぎりすでに家のなかにある材料を使うことでした。

わたしたちはキッチンの食品棚にある物を使った数々の新作の実験で、物理学や化学や生物学の驚くべき世界をみんなで探究しました。2歳の娘は単に材料で遊ぶだけといった、いちばん簡単なレベルで実験に加わり、いちばん上の息子はなにが起きるのだろうかとワクワクしながら科学と取り組んだのです。

よく晴れた日には芋虫を探したり、ピザの箱を利用した太陽光オーブンでスモア（焼いたマシュマロとチョコレートをクラッカーではさんだお菓子）をつくったり、寒い日や雨の日にはぶくぶく泡立ちながら色が変わっていく調合物をつくってわいわい遊びました。イーストを使ってピザの生地をつくって、微生物学がどのように調理に活かされているかを知るための実験もしました。わが家の庭は、卵を投げたりマシュマロを発射したりする物理の実験室になりました。科学とアートを美しく融合させた結果、リトマス紙のコラージュや空洞のあるミョウバン結晶で家の中をかざったりもしました。

わたしたちのはじめての科学日誌は、なぐり書きやイラストや日付、たどたどしい字で書かれた「表面張力」などの単語であふれ、今では大切な宝物です。クレヨンで描いたチョウや火山、牛乳のしぼり染めの絵はお金では買えない価値があるのです。

今でも、わたしが新しい実験やお気に入りの科学実験をしようかと言うと、子どもたちは飛んできます。あなたのご家庭でもそうなることを願っています。

この本のあらまし

あなたの家の冷蔵庫や食料品棚や引き出しは、科学実験の宝の山です。この本では、すでにあなたの手元にあるだろう物を使って、ご家族で探究できる、楽しくて学びになる52個の実験課題を紹介しています。

春には"窓のお庭"をつくって生物学を勉強しようと思いつくかもしれません。雪まじりの冬には、氷の実験をしてなぜ除雪車が凍った道路に塩をまくのか確かめるのも楽しいでしょう。あるいは、コーンスターチの箱が手元にあって簡単になにかをしたいなら、それに水を加えて非ニュートン性流体をつくれば相当楽しめます。

それぞれの実験ごとに、実験の背後にある科学が、用語や考え方を紹介しながらわかりやすく説明してあります。次のような手順を追って実験をしながら、やさしく科学を理解できるようになっています。

⇒ 材料
⇒ 安全のためのコツとヒント
⇒ 手順
⇒ おもしろさの裏にある科学
⇒ もっとクリエイティブに

「材料」には、実験をするために必要な原料がすべてリストアップしてあります。「安全のためのコツとヒント」には、実験をするにあたっての常識的な指針が示してあります。それぞれの「手順」に一歩一歩したがっていけば基礎に沿った実験を行うことができます。「おもしろさの裏にある科学」では、それぞれの実験の簡単な科学的説明をしています。「もっとクリエイティブに」では、実験課題を一歩も二歩も先へ進めるためのバリエーションやアイディアを示してあります。できれば、みなさん自身にアイディアを思いついてもらう手がかりになればと思います。

子どもたちにとって科学で大切なのは、結果ではなくプロセスです。測ったり、すくいあげたり、かき混ぜたり、手を汚したりすること、すべてが経験の一部です。この本に載せてある安全な化学反応の多くは、触ると冷たかったりネバネバしていたり、独特な匂いがあったりするので、子どもたちは五感をフルに使って科学を体験することができます。視覚的な創作が大好きな子どもたちのために、アートプロジェクトに変えることができる実験もあります。そしてほとんどの実験は後片付けも簡単です。

この本のいくつかの実験では同じ材料を使っています。たとえば、魔法の薬のために紫キャベツのジュースをつくったら、その残りをリトマス紙づくりに使うこともできるのです。

わが家では子どもたちとすべての実験を試してみました。手順にちゃんとしたがえばうまくいくはずです。完璧な結果を得るために、練習や微調整をくり返そうと思うこともあるかもしれませんが、完璧さよりも失敗やトラブルを解決することの方が、はるかに学びになることを忘れないでください。そして科学では、実験室でのたくさんの大失敗が大発見につながってきたのです。

科学日誌（サイエンスジャーナル）

科学者はみな、研究や実験をくわしく記録するためのノートをつけています。科学的な手法とは、疑問を持つこと、観察すること、そして疑問に答えを見つけようと実験をすることです。

自分の科学日誌をつくるには、どんなノートでも、紙をホチキスでとじたものでもかまいません。表紙に自分の名前を書いて、自分がした偉大な実験すべての記録をつけるのです。この日誌を自然観察のお散歩のときや休暇中にも持ち歩き、気づいた植物や動物や岩の層などについて記録していきましょう。

科学的な手法を用いて、本物の科学者みたいにノートをつける方法を紹介しておきます。

① **いつ実験を開始したか？**
ページのいちばん上に日付を書く。

② **なにを知りたいか、または学びたいか？**
質問を投げかける。たとえば「ボトルのなかで重曹とお酢を混ぜたらなにが起きるだろう？」など。

③ **なにが起きると思うか？**
仮説を立てる。仮説とは、さらなる調査で結果を出すことができるであろう、観測や現象や科学的問題に対する一時的な説明のことです。言い換えれば、なにが起きるかを、自分がすでに知っていることにもとづいて推測することです。

④ **自分の仮説を試すための実験をしてなにが起きたか？**
結果を測定したり文章にしたり絵に描いたり写真に撮ったりして記録を残す。写真はノートに貼っておく。

⑤ **すべて考えていたような結果になったか？**
集めた情報（データ）を見て結論を導き出す。実験結果は自分が考えていたことと一致していたか？ 自分の仮説を裏づけるものだったか？

最初の実験をしたあとに、答えを見つけることができる他の方法がないかどうか考え、今の実験をもとにして、さらに踏み込んだ方法や新しい実験を考案してみましょう。自分がそこで学んだことは、どのようにして身のまわりの世界に活かせるでしょう？ 日誌に自分が考えたことを記しておけば、いつか振り返ることができます。

炭酸の化学反応

キッチンにある材料を使ってできる簡単な化学反応はたくさんある。実際に、あなたもクッキーやパンケーキをつくるたびに、化学反応を起こさせて生地をふくらませている。

化学反応ってなにかな? 思っているより簡単なこと。

わたしたちの世界にあるすべての物は、原子と呼ばれる小さな要素でできている。原子は他の原子とつながって分子と呼ばれるグループをつくる。たとえば水の分子は水素原子2個と酸素原子1個が結びついている。

化学反応は、2種類の別々の分子を混ぜあわせて1個以上の新しい種類の分子をつくるときに起きる。つまり、2つの物を混ぜてなにか新しい物をつくるだけのことだ。泡がぶくぶくするのを見たり、温度の変化を感じたり、においに気づいたり、色が変わるのを見ているとき、そこでは化学反応が起きているのがよくわかる。

このユニットには、物と物を混ぜて炭酸ガスをつくる、楽しい化学反応の実験を集めてある。

色が変わる魔法の薬

材料

◎ 紫キャベツ 1玉
◎ ナイフ
◎ 深なべ
◎ ミキサー（任意で。注を参照）
◎ 水
◎ 耐熱のスプーン
◎ 透明なガラスのコップ、ビン、小さなボウル
◎ 水切り用のざる
◎ 白いペーパータオル
◎ 重曹 小さじ山盛り1杯（5g）
◎ お酢 大さじ3杯（45ml）

安全のためのコツとヒント

◎ キャベツを煮るのと熱い煮汁の湯切りは大人がすること。
◎ この実験は泡があふれやすいのでペーパータオルを用意しておくこと。

図5_泡には二酸化炭素ガスが入っている。

紫キャベツの
ジュースの色を変えてぶくぶくにする、
色あざやかで泡だらけの実験。

手順

① 紫キャベツ1玉を小さくみじん切りにして、深なべに入れ、完全にかぶるくらい水を入れる。

② ふたをしないで、ときどきかき混ぜながら15分くらいキャベツを煮る。

③ 火から下ろして煮汁を冷まし、紫色のジュースをざるでこしてビンかボウルに移す。コップ（ビンかボウルでもよい）2つに、それぞれ1/4カップ（60ml）ずつ"魔法の薬"のキャベツジュースを入れて、白いペーパータオルの上に置く。

図1_キャベツジュースが入った片方のコップに重曹をくわえる。

図2_もう片方のキャベツジュースが入ったコップにお酢をくわえる。

図3_ピンクのキャベツジュースを青のキャベツジュースにそそぐ。

④ キャベツのジュースを入れた片方のコップに重曹をくわえて混ぜる。色が変わるのを観察する（図1）。

⑤ もう1つのコップにお酢をくわえて、どんな色に変わるか見てみる（図2）。

⑥ お酢を入れた方のキャベツジュース（ピンク色）を、重曹を入れたキャベツジュース（青／緑色）のコップにそそぐ（図3）。

図4_化学反応をながめよう。

［注］コンロを使わずにすませるには、紫キャベツ半玉をみじん切りにして、3カップ（710ml）の水といっしょにミキサーにかける。液体をざるでこしてから、角を1カ所切ってコーヒー用のペーパーフィルターを内側にセットしたビニール袋（ふくろ）でこす。ミキサーでつくったキャベツジュースの方が泡が長もちして、青の色味もわずかに明るい。

おもしろさの 裏にある科学

　色素は物に色をあたえる分子だ。紫キャベツのジュースの色素は、酸か塩基（アルカリ）のどちらかにさらされることで形が変わり、光の吸収の仕方も変わる。そのためジュースの色が変わる。これを酸塩基指示薬（さんえんききしじやく）と呼んでいる。

　お酢は酸性なので指示薬をピンクに変える。重曹は塩基なのでキャベツジュースの色素を青や緑に変える。

　お酢を入れたジュースと重曹を入れたジュースを混ぜると、化学反応が起きる。化学反応の生成物の1つが二酸化炭素ガス（炭酸ガス）で、このガスが溶液（ようえき）を泡立たせる。

もっと クリエイティブに

　魔法の薬に他の液体もくわえてみよう。どれが酸性でどれが塩基（アルカリ性）かわかるかな？

　残ったキャベツジュースでリトマス紙をつくり（実験29「紫キャベツのリトマス紙」を参照）、キャベツの残りは夕食に使おう。

● 実験

02 紙袋で火山をつくろう

● 材料

◎ 小さな紙袋
◎ はさみ（任意で）
◎ セロハンテープ
◎ 空のペットボトル
◎ お酢
◎ 食用着色料
◎ 重曹 1/4カップ（55g）と
　手順⑨で使う分

安全のための
コツとヒント

◎ お酢が目にしみるかもしれない。
◎ 完ぺきな火山の形にできなくて
　も大丈夫、どうせすぐにびしょ
　ぬれになってしまうから。

台所テーブルサイズの
クラカタウ火山島*をつくろう。

● 手順

① 紙袋を逆さにして、片方の角を小さな三角形に切るか、ちぎって穴をあ
　ける。これが火山の火口になる。

② 紙袋をちぎったり、切ったり、折ったり、くしゃくしゃにしたりして、コーン
　型（円すい形）にしてセロハンテープでとめて、ペットボトルの口が袋に
　あけた穴から突き出るようにして上からかぶせる。ボトルと紙袋はセロハンテ
　ープでとめないように。火山っぽい絵を描いてかざろう。

③ 紙袋からペットボトルを取り出して、半分くらいまでお酢を入れる。（図1）

④ "溶岩"（お酢）に食用着色料を数滴たらす（図2）。

⑤ 溶岩が入ったペットボトルにもう一度、紙袋をかぶせる。

*訳注：インドネシアのジャワ島とスマトラ島の中間、スンダ海峡にある火山島の総称。

図2_"溶岩"に食用着色料で色をつける。

図1_お酢を入れる。

図3_"火山"に重曹をそそぎこむ。

図4_うしろへ下がって！

⑥ 紙切れを巻いて、ちょうどペットボトルの火口の内側にはまる大きさの円すい形のじょうごにしてセロハンテープで貼りあわせる。あとで、この紙のじょうごを使って重曹をくわえる。

⑦ あふれ出る物を受け止められるように、火山をトレイやコンテナーにのせる。

⑧ 1/4カップ（55g）の重曹をじょうごを使って手早く火山のなかにそいで、噴火を起こさせる。じょうごはすぐに取りのぞく（図3、4）。

⑨ 火山の噴火がやんだら、さらに重曹をくわえてなにが起きるか見てみよう。

おもしろさの裏にある科学

あなたが組み立てた火山は、重曹とお酢が混ざりあって二酸化炭素ガス（炭酸ガス）の泡ができることで噴火する。二酸化炭素ガスは本物の火山が噴出するガスの1つでもある。

本物の火山ははるかに大きな力で噴火する。1883年にクラカタウ火山島が噴火したときには、爆発とその結果として起きた津波で4万人近い人々が亡くなり、東インド諸島の地形を永久に変えてしまった。そして、大気中にものすごい量の二酸化硫黄と灰をふき出したせいで、歴史上でもっとも壮観な夕焼けが見られた。

もっとクリエイティブに

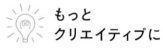

1カップ（235ml）のお酢に重曹を加えていくと、どこかでもう泡立たなくなる。その重曹の量はどれくらいかな？

03 空気を入れずにふくらむ風船

材料

◎ 中くらいの大きさの風船
◎ 500mlの空のペットボトル
◎ お酢 1/3カップ（80ml）
◎ 重曹 小さじ3杯（14g）
◎ スプーン

安全のための
コツとヒント

◎ お酢は軽い酸性なので、風船が
うっかりボトルからふき飛んだ
ときにチクチクしみるかもしれな
い。安全ゴーグルやサングラス
をしておくとよい。

泡の化学反応でできた
目に見えない炭酸ガスが、
風船をふくらませるのを観察しよう。

図1_1人が風船をもち、もう1人が風船に重曹をくわえる。

図2_風船の口をボトルの口にかぶせる。重曹が落ちないように風船を片側によせておく。

図3_重曹をボトルにすばやく一気に入れる。

手順

① ペットボトルに1/3カップ（80ml）のお酢を入れる。

② 風船の口をもって、小さじ3杯（14g）の重曹を風船のなかに入れる。このとき、2人ひと組で1人が風船の口を開いてもち、もう1人が重曹を入れる（図1）。

③ 風船をふって重曹をふくらむ部分に落とす。風船の口を注意してのばしながらボトルの口をおおう。準備ができる前にボトルに重曹が落ちてしまわないように、重曹が入っている風船のふくらむ部分は片側によせておく（図2）。

④ 風船の口とボトルの口をいっしょにもって、重曹をいっせいにボトルのなかにふり落とす（図3）。

おもしろさの裏にある科学

重曹の科学的名称は重炭酸ナトリウム。食用のお酢は希酢酸。この2つの化学物質は混ぜると反応していくつかの新しい化学物質をつくる。そのうちの1つが二酸化炭素ガスで、これが風船をふくらませる。泡ができて、ボトルがヒンヤリして、目に見えないガスで風船がふくらむことで、反応が起きていることがわかる。

もっとクリエイティブに

他の方法で二酸化炭素ガスを発生させたら、なにが起きるだろう？ 人間もふくめ、多くの生き物は栄養素を分解するときに二酸化炭素ガスを出す。パン酵母と砂糖と水を使って、同じように風船をふくらませる実験ができるかな？ こちらの方がもっと時間がかかると思う？

酵母を育てるためのコツは、実験33「イースト風船をふくらませるには…?」を見てみよう。

04 フランケンワーム(怪物(かいぶつ)ミミズ)

材料

◎グミ(ミミズ)キャンディー
◎ふつうのはさみかキッチンばさみ
◎重曹(じゅうそう) 大さじ3杯(42g)
◎お湯 1カップ(235ml)
◎スプーン
◎透明なビンかコップ
◎お酢(す)
◎フォーク

安全のための コツとヒント

◎小さい子どもたちが手を切ったり、うまくいかなくてイヤになったりしないように、グミキャンディーを細長く切るのを手伝ってあげよう。

図5_うごめきながら浮き上がるのを見てみよう。

簡単な化学反応で、グミのミミズに"命"をふきこもう。

手順

① はさみでグミを細長く切って、ものすごくほっそりしたグミのミミズをつくる。グミ(ミミズ)キャンディーは4回はたてに切ること。ミミズが細ければ細いほどうまくいく(図1、2)。

② お湯に重曹を混ぜて、よくかき混ぜる。その重曹溶液のなかに細いグミのミミズを落とす。そのまま15分から20分ひたしておく(図3)。

図1_グミのミミズをすごく細く切る。

図2_細ければ細いほど、うまくいく。

図3_グミのミミズを重曹溶液にひたす。

図4_お酢のなかに重曹をしみこませたミミズを落とす。

③ ミミズをひたしているあいだに、透明なコップかビンにお酢をいっぱい入れておく。

④ 20分が過ぎたら、重曹溶液からフォークでグミのミミズを引き上げて、お酢が入ったコップに落として「命」をふきこむ（図4、5）。

おもしろさの
裏にある科学

　コップのなかのお酢（酢酸）とグミにしみこませておいた重曹（重炭酸ナトリウム）が反応して二酸化炭素ガスの泡をつくり出すことで、グミのミミズは、浮かんだり動いたりする。泡はお酢よりも密度が低いので表面に浮かび上がっていき、グミもいっしょに引っぱっていく。このせいで、グミのミミズたちは化学反応が終わるまで、のたうち、うごめく。

もっと
クリエイティブに

　この実験が、切らないままのグミワーム（ミミズ）キャンディーだとうまくいかないのはなぜだろう? この化学反応で他にはどんな物に「命」をふきこめるかな?

05 ソーダとミントで大噴水

材料

◎ ペットボトルのダイエットコーラ
　1リットル
◎ 1枚の紙
◎ メントス・ミントキャンディー
　1パック

安全のための
コツとヒント

◎ めがねや安全ゴーグルをつけ
　て、ミントをくわえたらうしろに
　下がっておかないとびしょぬれ
　になってしまう。この実験は屋外
　でする。

ソーダとミントで泡の噴水をつくろう。

手順

① ダイエットコーラのふたを取って、ボトルを平らな場所に置く。

② 紙を巻いてちょうどボトルの口に入るくらいのつつ状にする。紙のつつ
　は、ミントキャンディーを全部入れられる大きさが必要（図1）。

図1_ミント用の紙のつつをつくる。

図2_紙のつつをミントでいっぱいにする。

図3_ミントを紙のつつからボトルに移す。

図4_ミントはダイエットコーラと反応して二酸化炭素ガスを生成する。

図5_うしろに下がって!

③ 紙のつつの底の穴を指で押(お)さえながらミントキャンディーをつめる(図2)。

④ 紙のつつからミントキャンディーをすばやくいっぺんにボトルに入れたら、うしろに下がって!(図3、4、5)

おもしろさの裏にある科学

ダイエットコーラにふくまれる甘味料(かんみりょう)とその他の化学物質が、メントス・ミントキャンディーにふくまれる化学物質と反応すると考えられている。この反応で、ざらざらしたキャンディーの表面にあるちっちゃな穴すべてに、二酸化炭素の泡ができる。ものすごい量の二酸化炭素の泡が放出することで、ボトルのなかの圧力が高まって、ソーダと泡が勢いよく空へと噴射する。

もっとクリエイティブに

他の種類のソーダやミントキャンディーだと、この実験はどれくらいうまくいくだろう? フルーツメントスでもうまくいくかな?

2

結晶の作品

わたしたちは手早くパッと歓びが得られる世界で暮らしている。ゆっくり成長していく結晶は、自然は急がすことができないことを子どもたちに教えてくれる。結晶は成長するのに何週間もかかるけれど、ロック・キャンディをつくる実験は、最後には大きな歓びというごほうびがもらえる。

結晶は原子の幾何学的な格子。立体的な金網のフェンスを想像するとわかりやすいかもしれない。食卓の上にある塩の結晶から半導体やLEDディスプレイ、太陽電池をつくりあげるシリコン結晶にいたるまで、わたしたちは生活の質を高めるために、こうした規則正しい分子のネットワークに頼っている。

このユニットでは過飽和溶液を使って、ミョウバンと砂糖と塩の3種類の結晶をつくる。材料は、もし手元になくても、近くのスーパーで手に入るものばかりだ。

06 ミョウバン結晶で ジオードをつくろう

材料

◎ミョウバン（硫酸アルミニウムカリウム［注を参照］）、3/4カップ（160g）と卵のからにふりかける分（スーパーのスパイス売り場にある）
◎生卵3コ
◎刃がギザギザのナイフ
◎小さな絵筆か綿棒
◎ノリ
◎水2カップ（475ml）
◎小さななべ（お湯をわかすため）
◎食用着色料（任意）

安全のための コツとヒント

◎卵のからを半分に切るのと、結晶を煮るのは、大人がした方がよい。
◎生の卵をさわったあとは必ず手を洗うこと。*

＊訳注：本書では生卵をさわったあとの注意喚起が厳格に記されていますが、日本では流通過程で卵のからの洗浄・殺菌が徹底して行われているので、日本国内で購入した卵を使う場合は、そこまで心配する必要はありません。

図5_ミョウバン溶液からそっと取り出して、そのままかわかす。

ミョウバンの粉と卵のからでキラキラした 空洞の結晶（晶洞：ジオード）をつくってみよう。

手順

① ギザギザのナイフで卵を縦に半分に切って、中身を洗い流す。卵のからはそのままかわかす。

② 絵筆か綿棒で卵のからの内側にノリを薄くぬる（図1）。ノリがかわかないうちにミョウバンの粉をふりかけ、卵をひと晩おいてかわかす（図2）。

③ 水の入った小さななべを火にかけてわかしながら、3/4カップ（160g）のミョウバンを溶かす（図3）。このステップは大人の見守りが必要。ミョウバンが全部溶けたのを確認したら（少しにごって見えるかもしれない）、溶液を冷ます。これが過飽和溶液だ。

図1_卵のからの内側にノリを塗る。

図2_ノリがかわく前にミョウバンの結晶をふりかける。

図3_水にミョウバンを加えて煮て溶かす。

④ 溶液が安全にさわれるくらいじゅうぶんに冷えたら、卵のからをそっとミョウバン溶液につける。色をつけたければ、食用着色料をたくさん加える（図4）。

⑤ そのままなにもしないで結晶ができるのを待つ。

⑥ 3日経ったら、ミョウバン溶液から物体をそっと取り出して、そのままかわかす（図5）。

[注]ミョウバンは食料品店やスーパーのスパイス売り場にある。

図4_冷ましたミョウバン溶液に"種子づけした"卵のからをひたす。

おもしろさの 裏にある科学

ミョウバンは硫酸アルミニウムカリウムとも呼ばれ、ベーキングパウダーに入っているし、ピクルスをつけるときにも使われる。ミョウバンなどの結晶は、過飽和溶液からできる。

過飽和溶液とは、水（や他の溶質）にふつう溶ける以上の量の原子をふくませた溶液のことだ。過飽和溶液は家でも溶液を熱してから自然に冷ましてつくることができる。

結晶は過飽和溶液が"種子"となる原子や分子にでくわしたとき、溶液のなかの他の原子たちがその種子にくっつくことでできる。この実験では、卵のからにふりかけたミョウバンが種子で、そのまわりに結晶ができる。

もっと クリエイティブに

塩や砂糖の結晶でも同じ実験ができるかな？ 色はどうやって結晶に組みこまれると思う？ 食用着色料は結晶の形を変えてしまうと思う？ 物体をもっと長く溶液につけておいたら、もっと大きな結晶ができるかな？

他の物にもノリを塗ってまわりに結晶をつくってみよう。

07 成長するロック・キャンディ

材料

◎グラニュー糖5カップ（1kg）
　（別に手順①で使う分が必要）
◎水2カップ（470ml）
◎ロリポップスティックか木ぐし
◎中型のなべ（お湯をわかすため）
◎ガラスの容器
◎食用着色料

安全のための コツとヒント

◎この実験では、お湯をわかして熱い砂糖シロップをあつかうときに大人の見守りが必要。いったん冷めてしまったら、子どもたちに任せて大丈夫。

スティックのまわりにカラフルで おいしい砂糖の結晶をつくろう。

手順

① ロリポップスティックか木ぐしの片方の端を水につけて砂糖の上を転がす。スティックに砂糖が5〜7.5cmの幅でつくようにする。完全にかわかす。これが、砂糖結晶が成長するための種子になる（図1）。

図1_スティックの端を砂糖の上で転がす。

図2_シロップの食用着色料を加えて混ぜる。

図3_シロップからキャンディを取り出す。

② 中型のなべで水2カップと砂糖5カップを火にかけ、シロップ状になるまで砂糖をできるかぎり溶かす。これが冷えたら過飽和砂糖溶液（かほうわさとうようえき）になる。

③ シロップが熱くなくなるまで時間をおいてからガラス容器に移す。食用着色料を加えて混ぜる（図2）。

④ 色をつけたシロップが室温くらいに冷めたら、砂糖で種子づけしたロリポップスティックか木ぐしの砂糖がついた部分をシロップにつけて、1週間ほどおく。ときどきスティックを静かにまわして、ガラス容器の底の結晶とくっついてしまわないようにする。ガラス容器が結晶でいっぱいになりすぎたら、別の容器に新しくシロップを入れて、スティックをそちらに移しかえてもっと結晶がつくようにする。

⑤ ロック・キャンディができたら、余分なシロップを捨ててスティックをかわかす。ロック・キャンディを虫めがねで拡大して見てみよう（図3）。

⑥ めしあがれ！

おもしろさの 裏にある科学

壁（かべ）のレンガのように、結晶は分子の編み目のように規則的にくりかえすパターンで築かれた固体だ。レンガを結びつけるモルタルのかわりに、原子や分子は原子結合で結びつけられている。

同じ化学組成をもつ結晶は大きいこともあれば小さいこともあるが、分子はつねに同じ形に集まる。食用の砂糖、つまりスクロース（ショ糖）は、グルコース（ブドウ糖）とフルクトース（果糖）からなる分子でできている。スクロースの結晶は端がななめになった六角柱の形をしている。

ロック・キャンディをつくる結晶は、スティックを転がしてつけた砂糖の結晶の種子にシロップのなかの砂糖分子が、結びついて、大きく成長していく。

もっと クリエイティブに

他にはどんな物の表面に砂糖の結晶を成長させられるだろう？ ロック・キャンディを砂糖溶液のなかに何ヶ月もひたしたら、結晶は大きくなりつづけるかな？

よじ登ってくる塩の結晶

材料

◎ ひも（料理用の白い木綿のたこ糸が最適）
◎ はさみ
◎ ビンやコップなどの透明な小さい容器4コ
◎ 小さいなべ
◎ 塩大さじ8杯（144g）
◎ 食用着色料
◎ ペーパークリップ8コ
◎ 虫めがね

安全のためのコツとヒント

◎ お湯は大人がわかして、子どもたちがお湯に塩を加えるときも見守ること。

図5_結晶ができていく様子を毎日チェックする。

**カラフルな塩水がひもをつたって登り、
蒸発しながらひもを小さな結晶で
おおっていくのを観察してみよう。**

手順

① 4つの容器のために、15cmに切ったひもを4本用意する。

② 小さななべでお湯をわかす。

③ お湯に大さじ1杯（18g）の塩をいっぺんに加え、もうそれ以上塩が溶けなくなるまで混ぜる。これが冷えたら過飽和食塩水になる（図1）。

図1_熱湯に塩を溶かす。

図2_それぞれのビンに食用着色料をたらす。

図3 ひもの片方の端にペーパークリップを結びつける。

④ そのまま溶液を冷ましてから、それぞれの容器に1/4カップ（60ml）ずつそそぐ。

⑤ それぞれのビンかコップに食用着色料を数滴ずつたらして混ぜる（図2）。

⑥ 切っておいたひもの一方の端に結び目をつくり、もう片方の端にペーパークリップを結びつける。ひもの結び目がある方を着色した塩水が入った容器につける。ひもは浮いてしまうので、容器のなかでくるくるまわして塩水を含ませる。ペーパークリップを結んだ方の端は容器のふちから外にたらしておく（図3、4）。

⑦ ひもの様子を毎日チェックする。虫めがねで結晶を観察してみよう（図5）。

図4_ひもの結び目をつくった端をそれぞれのビンにつける。

おもしろさの 裏にある科学

塩の化学名は塩化ナトリウム（NaCl）。塩を沸騰したお湯に加えると、室温で溶ける量よりも多くの塩化ナトリウムをふくんだ過飽和溶液をつくることができる。

この実験では、ひもに吸収された塩水が容器の外までよじ登るようにしてつたっていく。水が蒸発すると、ひもに吸収された塩が繊維のなかに残り、他の塩分子と結びついて新しくもっと大きな塩化ナトリウムの結晶をひもの上につくり出す。

もっと クリエイティブに

塩と砂糖が混ざった過飽和溶液をつくったら、なにが起きるだろう？ 虫めがねで見たら、全部の結晶が同じ形をしているかな？

3

動きの物理学

その昔、イギリスに数学や科学が大好きな学生がいた。彼はコペルニクスやガリレオやケプラーなどの偉大な思想家の研究成果を学んで、好奇心とおどろきをもって自分のまわりの世界を観察した。

　言い伝えによれば、彼は木からリンゴが落ちるのを見て重力という考えを思いつき、惑星の運動についての新しい考え方にいたったという。この学者の名前はサー・アイザック・ニュートン。彼は1687年に運動と重力についての本を出版して、世界や宇宙、そして科学全般にたいする人々の見方を変えた。

　物理学では、物体の運動は、時間とともに位置が変わることと定義されている。その物体に力が加わると、運動の様子が変化する。このユニットでは、運動や力やエネルギーで遊びながら、マシュマロから生卵まで、毎日目にする物体すべてにどのように力が加わるかを確かめる。

マシュマロのぱちんこ

材料

◎幅広の輪ゴム
◎プラスチックかゴムのリング
　（サプリメントやペットボトルのキャップの下についているリング）*
◎マシュマロ
◎脚のついたいす

*訳注：手芸用パーツ、単語帳のリングなどで代用してもよいでしょう。

安全のための
コツとヒント

◎マシュマロは的に向かって発射し、人どうしで撃ちあわないこと。硬くなったマシュマロの方がベタつかず発射しやすい。

図5_少し練習が必要かもしれない。

エネルギーを、食べ物を飛ばす力に変えよう。

手順

① 輪ゴム2つを、リングをまんなかにして取りつける（より強力にするために輪ゴムを2つずつ重ねてもよい）（図1、2）。
同じように輪ゴムが必要な長さになるまで、1つの輪ゴムの上に少しずらしてもう1つ輪ゴムをのせ、下の輪ゴムの端を上の輪ゴムの輪のなかをくぐらせてひっぱって結びつけていく。

図1_輪ゴムをリングに通す。

図2_輪ゴムの端をもう一方の端にくぐらせて、輪ゴムをつないでいく。

図3_ひっくりかえしたいすの脚にぱちんこを取りつける。

図4_的に向かってマシュマロを発射する。

② いすをひっくりかえし、リングをまんなかにしていすの脚のあいだに輪ゴムをひっかけて、ぱちんこを設置する（図3）。

③ ぱちんこでマシュマロを的に撃ち、輪ゴムの弾性エネルギーが動きのエネルギーである運動エネルギーに変わるのを観察する。少し練習が必要かもしれないけれど、あっというまにお菓子の名射撃手だ（図4）。

おもしろさの 裏にある科学

エネルギーは変化するけれど、なくなるわけではなく、別の力に変換される。この科学の概念はエネルギー変換と呼ばれる。ぱちんこの輪ゴムをひっぱるとき、筋肉の力が輪ゴムに働く。どれだけの仕事をするかは、輪ゴムをどれだけ強く（力）、どれだけうしろの方まで（距離）ひっぱるかにかかっている。仕事＝力×距離だ。

輪ゴムをひっぱった仕事量が弾性エネルギーとして輪ゴムにたくわえられる。輪ゴムを放すと、輪ゴムはマシュマロに働きかけ、弾性エネルギーは飛んでいくマシュマロの運動エネルギー（動きのエネルギー）に変換される。マシュマロがなにかに当たって止まると、運動エネルギーは熱エネルギーに変換される。

もっと クリエイティブに

輪ゴムの太さは、物体をどれだけ遠くに飛ばせるかに影響するかな？ それはなぜ？

マシュマロが飛行する距離と方向には、他のどんな（変動する）要素が影響をおよぼすだろう？

テーブルクロスのトリック

材料

◎テーブル
◎じょうぶで重たいボウルか、背が高すぎずひっくりかえりにくいコップ
◎縫い目がないなめらかなテーブルクロス、模造紙、または縫い目を切り取った古いシーツ
◎水

安全のための コツとヒント

◎屋外でするのに適した楽しい実験。少し練習が必要なので、テーブルの下に草があったり、柔らかいブランケットをしいておくと食器が割れずにすむ。

図3_ジャジャーン！

物理学のはやわざで 友だちや家族をおどろかせよう。

手順

① 平らなテーブルの表面を60cmくらいテーブルクロスでおおう。

② ボウルかコップに半分まで水を入れて、テーブルクロスの上に置く。テーブルの端の方に置くこと。

③ 両手でテーブルクロスをにぎり、すばやく、テーブルの縁にそって真下にまっすぐひっぱる。ここが重要。自分に向かって引いたり、ひっぱるのがゆっくりすぎると、うまくいかない。正しくできれば、水は少しバシャバシャ揺れるけれど、ボウルやコップは水が入ったままテーブルの上に残る（図1、2、3）。

図1_テーブルクロスを上の方にひっぱりあげて準備する。

図2_まっすぐ下に、すばやくひっぱる。

おもしろさの裏にある科学

　慣性の法則によると、物体は移動している状態（または水が入ったコップの場合は移動していない状態）のスピードを変えたがらない。その物体が重ければ重いほど、よりたくさん慣性が働く。

　この実験では、水が入った重いコップはその場にとどまって動こうとしない。テーブルクロスはコップの下ですばやく動いていくため、重いコップはその上をすべるだけで遠くまで移動しない。コップとテーブルクロスのあいだで起きる摩擦も、コップを動かすほどの強い力ではない。マジックみたいに見えるが、れっきとした物理学だ。

もっとクリエイティブに

　重たい皿やナイフやフォークでしたらどうなる？ テーブルクロスといちばん相性がよくてうまくいく素材はなんだろう？ 逆にうまくいかない素材は？

11

投げても割れない卵

図2_卵を力いっぱいシーツのまんなかに投げつける。

材料

◎ 古いシーツ
◎ 洗濯ばさみ、ツイストワイヤー
　やひも
◎ 生卵
◎ 物干し用ロープ3本、または
　シーツをもつ人2人
◎ いす2脚

安全のための
コツとヒント

◎ 生卵をさわったあとは必ず手を
　洗うこと。卵のなかや外にはサ
　ルモネラ菌という健康を害する
　細菌がいることがある。

台所のテーブルの次に
お気に入りの科学実験室はお庭だ。
卵を投げることで運動と力について学ぼう。

手順

① 洗濯ばさみやツイストワイヤーやひもを使って、木の枝にシーツを取り
　つける。木がなければ他の物につるすか、2人のアシスタントにもち上
　げていてもらう。

② シーツのいちばん下を2人でJ字の形になるようにしてもつか、2脚のい
　すに結びつける（図1）。

③ 生卵を力いっぱいシーツに投げつける。シーツが卵の動きを遅くさせ
　て停止させるので、卵は割れない（図2）。

図1_テーブルクロスを上の方にひっぱりあげて準備する。

図3_卵は割れない。

おもしろさの 裏にある科学

運動中の物体は動きつづけようとする。空中を移動している卵を止めるためには卵に力を加える必要がある。この実験では、つるしたシーツによって力が加えられる。

運動の法則によれば、物体の速度をすばやく変化させるほど、その物体に加わる力は大きくなる。卵の速度を、シーツで受け止めるみたいに、ゆっくり遅くさせることで卵に加わる力が減り、卵は割れないままでいる。

自動車にエアバッグが装備されている理由もこれだ。自動車が動いているときになにかにぶつかって、瞬時に止まってしまうようなとき、エアバッグがシーツみたいな役割を果たして、自動車にのっている人の速度をゆっくりと遅くすることで、ダッシュボードに打ちつけられる力を大幅に軽減する。

もっと クリエイティブに

卵を力いっぱい素早く投げたらどうなるだろう? ガレージの壁か、横倒しにしたテーブルの天板に新聞紙を貼ってそこに向かって卵を投げる。あとしまつを忘れずに! 水やり用のホースで流すとよい。

ビンに吸いこまれる卵

図1_ビンのなかの空気が温まる。

図2_卵が大気圧によってビンのなかに押しこまれる。

材料

◎ガラスのビン、口がゆで卵よりやや小さいジュースなどのビン
◎SかMサイズのゆで卵
◎バナナ
◎ナイフ
◎誕生日ケーキ用のロウソク
◎長いマッチかライター

安全のための
コツとヒント

◎この実験ではマッチやライターを使うので大人の見守りが必要。ビンを逆さまにする手順の方が少し簡単にできる。

大気圧が魔法みたいに卵を
ビンのなかに押しこむのを観察しよう。

逆さまの手順

① ゆで卵の底の広い方にロウソクを2本さす。

② ロウソクに火をつけて、逆さにしたビンの下でもち、ビンのなかの空気を温める。

③ ビンを逆さにしてもったまま、卵にさしたロウソクをビンのなかに入れて、卵でふたをするようにぴったりビンの口にくっつける。そのままロウソクが消えるまで待つと、卵が大気圧によってビンのなかに"押しこまれる"。空気の重みが卵を押しているのだ（図1、2）。

標準の手順

① ゆで卵のからをむいて、ガラスビンの口にのせてみて、簡単に押しこめないことを確認する。卵を取りのぞく（図3）。

② バナナを厚く切って"キャンドルホルダー"にし、そこにロウソクをさして、ロウソクが上を向くようにしてビンのなかに落とす。

③ ロウソクに火をつけてから、卵をビンの口の上に置いてぴったりふたをする。ロウソクの火が消えるのを待ち、なにが起きるか見よう。うまくいかないときは、逆さまの手順を試してみよう（図4、5）。

図3_ゆで卵のからをむく。

図4_ロウソクに火をつけて卵をビンの口にのせる。

▯▯▯ おもしろさの裏にある科学

ロウソクの炎の熱がビンのなかの空気を温める。酸素がなくなってロウソクが消えると、ビンのなかの残りの空気は急速に冷え、ビンのなかの気圧を低下させて部分的な真空をつくり出す。ビンの外の空気は、気圧がもっと高いので、ビンのなかの気圧と均一になろうとして卵をビンのなかに押しこむ。

図5_大気圧が卵をビンのなかに押しこむのを観察する。

4

生命の科学

生物は分子のおどろくべきモザイクでできている。生命体の複雑さを調べている研究者たちは、わたしたちをふくめ、すべての生き物にとって世界がよりしあわせで健康的な場所になるような発見をしたいと願っている。

　ニワトリの卵からDNAにいたるまで、家庭で生命の科学を探究するのは楽しいものだ。このユニットでは、卵を調べて、生命というおどろくべき構造物がどれほど強く、同時にどれほどはかないものかを明らかにする。イチゴからDNAを抽出する方法や、セロハンテープで指紋をとる方法も学ぶ。わたしたちのDNAは分子レベルで一人ひとりを世界でただひとりだけの存在にしていて、指紋はそのことを目に見える形で示している証拠なのだ。

13 宇宙モンスターの卵

材料

◎ 卵をつけこめるくらいの大きな
　ビン
◎ 生の卵（からを割らないまま）
◎ 油性マーカーペン（任意）
◎ ホワイトビネガーやリンゴ酢
◎ 緑の食用着色料
◎ コーンシロップ*

*訳注：ガムシロップ、水あめ、メー
　プロシロップなどで代用してもよい。

安全のための
コツとヒント

◎ 生の卵は病気になる細菌がつ
　いているかもしれないので、触
　ったら必ず手を洗うのを忘れな
　いこと！
◎ お酢は弱酸性でしみるので目に
　入らないように注意すること！

卵のからをお酢に溶かしてから
コーンシロップでしぼませて、
怪物みたいな物をつくってみよう。

図1_卵を全部ビンに入れ、お酢でひたす。

図2_次の日、お酢から卵を取り出して観察しよう。

図3_卵を水で洗って、コーンシロップにひたす。

手順

① 生卵をいくつかビンに入れてお酢でひたす。お酢に入れる前に油性マーカーペンで目玉みたいな絵を描いておいてもおもしろい（図1）。

② ビンを冷蔵庫に入れて卵をひと晩おく。水でやさしく洗い流す。ゴムの風船みたいな卵の薄膜（はくまく）だけが残る。さわったらどんな感じがする？（図2）

③ 宇宙人モンスターの卵をつくるためには、お酢を捨てて、卵を洗い流してからビンにもどす。コーンシロップにひたし、緑の食用着色料を少し加える。ビンを静かに逆さにして混ぜる。冷蔵庫で24時間そのままにする。どんな風になったかな？（図3、4）

図4_コーンシロップが卵をしぼませる。

おもしろさの裏にある科学

卵のからは、カルシウムと炭素という2つの化学元素が結びついて炭酸カルシウム結晶になってできている。お酢は酸なので、化学反応でこの結晶をこわす。炭酸カルシウムとお酢は反応して二酸化炭素の泡をつくるので、卵にお酢を加えたときにその泡が見える。

風船のような卵の薄膜は水の分子を通す。コーンシロップは大部分が砂糖で水はほとんどふくまれていないため、卵から水の分子がコーンシロップのなかに出てきて、卵がしぼむ。

もっとクリエイティブに

卵を水で洗ってから、もう一度水にひたしてひと晩（冷蔵庫のなかで）おこう。なにが起きるかな？

14 卵の上に立ったら割れる?

図4_体重を均等にかけるようにして、そのまま立ってみよう。

材料

◎12個入りの卵を1パックか
2パック

安全のための
コツとヒント

◎生の卵に触ったあとは手を洗う
こと。サルモネラ菌に汚染されて
いて、病気になるかもしれない。

卵の上に立って
卵のからの強さを試してみよう。

手順

① 卵1パックか2パックを開ける(図1)。

② どの卵にもヒビが入っていないことを確かめてから、全部が同じ方向を
向くようにひっくりかえす(とがった側が上、または丸い側が上になるよ
うにする)。

図1_卵は考えている以上に強い。

図2_だれかの手をつかみながら、慎重に卵の上にのる。

図3_卵はたぶん割れない。

③ 卵のパックを床か外のコンクリートの上に置く。

④ くつとくつ下を脱いで、いすやだれかの手をつかむ。足を平らにたもちながら、足の裏全体で慎重に卵の上にのる（図2、3、4）。

おもしろさの裏にある科学

人は強い建物や橋を建てるためにアーチを利用する。ニワトリの卵はひよこがくちばしでつついて外へ出てこられるように繊細なからでできているが、これ以上ないほど優れたアーチ形の構造をしているおかげで、割れることなく大きな圧力に対応することができる。これはきわめて重要なことだ。母鶏たちは卵の上に座って温めなければいけないからだ。

圧力は単位面積あたりにかかる力だ。1パックの卵の上にはだしで立つと、体重を均等にわけられるので、12個すべての卵への圧力も均等になる。卵のアーチ形は卵を割れさせないくらいじょうぶなのだ。

もっとクリエイティブに

とがったヒールやサッカーや陸上用のスパイクをはいて同じ実験をしてみよう。なにが起きるかな？

ジッパー袋に卵を1つ入れて、指輪などしていない手で袋の上から卵をむらなく包みこんで、力いっぱいにぎる。卵を割ることができるかな？

DNAを分離してみよう

材料

◎イチゴ 3粒
◎バターナイフ
◎計量カップいくつか（1カップ用か2カップ用のもの）
◎フォーク
◎計量スプーン
◎液体か粉の洗剤
◎お湯 1/2カップ（120ml）＊
◎中型のボウル 2コ
◎熱湯 1〜2カップ（235〜475ml）＊
◎水 1〜2カップ（235〜475ml）
◎氷
◎ビニールのジッパー袋
◎はさみ
◎円すい形のコーヒー用フィルター
◎小さくて細い透明の花ビン、ショットグラス、コップか試験管
◎塩 小さじ1/4杯（1.5g）
◎よく冷えたエタノールか消毒用アルコール
◎つまようじ、混ぜ棒かプラスチックのフォーク

＊ 訳注：お湯は手を入れてやけどしない程度の温度、熱湯は沸騰したての温度を目安にしてください。

図5_イチゴのDNA。

イチゴから遺伝物質DNAを分離しよう。

手順

① イチゴを小さく切る（図1）。切ったイチゴを計量カップに入れてフォークでつぶす。

② 液体または粉の洗剤を小さじ1杯（6mlか5g）、お湯に加えて混ぜ、それをイチゴにそそぐ。

③ 熱湯をボウルに入れて、そのなかにイチゴと洗剤を入れた計量カップを置く。熱湯がイチゴの液に入らないようにする（図2）。

④ イチゴの液をもう一度混ぜる。洗剤と温かい温度のせいでイチゴの細胞がこわれる。酵素と呼ばれるタンパク質が細胞部分を破壊しはじめ、細胞核からDNAをときはなつ。ときどきイチゴの液を混ぜながら、12分間待つ。

図1_イチゴを切る。

図2_イチゴの液をお湯につける。

図3_イチゴの液を氷に5分間つける。

図4_フィルターを通して、イチゴのかすをこして、うわずみ液を残す。

⑤ 12分がすぎたら、別の大きなボウルに1～2カップ（235～475ml）の水と大量の氷を入れる。そこへイチゴの液が入った計量カップを入れて5分間冷やし、途中で1、2回混ぜる（図3）。

⑥ 待っているあいだに、ビニールのジッパー袋をコーヒーフィルターと同じ大きさのじょうごになるように切り、端を切り抜いて液体が流れ出す口をつくる。ジッパー袋のじょうごのなかにコーヒーフィルターを入れ、別の計量カップか広口のコップにセットする。

⑦ 5分たったら、イチゴの液をジッパー袋のじょうご（内側はコーヒーフィルター）にそそぐ。イチゴのかすはこされて、DNAをふくんだうわずみ液が下のカップに流れ落ちていく。フィルターがつまったらスプーンでイチゴのかすを慎重に取りのぞく（図4）。

⑧ DNAを沈殿させるために、うわずみ液を小さくて細いコップの1/3までそそぐ。うわずみ液に塩を加えてよく混ぜる。うわずみ液と同じ量の、よく冷えたアルコールをそっと加える。手でコップにふたをして、やさしくゆらす。コップをテーブルか氷の上に置いて、数分間そのままにしておく。

⑨ 液の上の方に、にごってねばねばした層ができるはずだ。泡だっていたり、わずかに白っぽく見えるかもしれない。これがイチゴのDNAだ。つまようじや混ぜ棒、プラスチックのフォークなどでDNAをちょっとすくう。透明なスライムみたいに見えるだろう。おめでとう！ DNAの分離に成功したんだ（図5）。

おもしろさの裏にある科学

DNA、つまりデオキシリボ核酸は遺伝子情報をふくんだ分子の鎖で、"命の設計図"と呼ばれることもある。植物や動物などの生命体のなかで、DNAは細胞核と呼ばれる特別な小部屋にたくわえられている。核のなかで、長い糸のようなDNAはきっちり巻かれた状態になっている。生命体からDNAを離すためには、細胞をばらばらにこわして（溶解）、細胞の大きな欠片をこして取りのぞいてから、残りのうわずみ液を集めて、塩やアルコールなどの化学物質を加えてDNAを沈殿させる必要がある。

もっとクリエイティブに

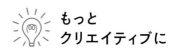

他のくだものや野菜からDNAを分離してみよう。洗剤のなかにイチゴの液を少し入れて、そのままひと晩おいたらどうなるだろう？ それでもDNAを分離できるかな？

16 指紋の科学捜査

材料

◎白い紙 2枚
◎セロハンテープ
◎えんぴつ
◎虫めがね
◎透明なコップかビン
◎無糖のココアパウダー
◎絵筆か化粧用ブラシ

安全のための
コツとヒント

◎指紋を採取するときは、汚れて不鮮明にならないようにそっとそっとすること。

指紋採取して
自分の手の科学分析をしてみよう。

手順

① 1枚の紙に左手をのせて、えんぴつで手の輪かくをかたどる。左利きなら右手を書き写そう(図1)。

② もう1枚の紙に、えんぴつで何度も強くこすり書きして、えんぴつの芯の黒鉛(グラファイト)でおおわれた部分をつくる。小指を、指のまわりが灰色になるまでグラファイトにこすりつける。グラファイトでおおわれた小指を、切ったセロハンテープのべたべたした側の上に慎重にのせて、ゆっくりとテープから指をはなす。指紋がはっきりと見えるはずだ(図2)。

図1_えんぴつで手の輪かくを紙にかたどる。

図2_えんぴつの芯の粉をつけた指紋をセロハンテープに写す。

図3_紙にかたどった手のそれぞれの指に指紋を写したセロハンテープを貼る。

図4_指紋をよく調べる。

③ そのテープを裏向きにして、かたどっておいた手の輪かくの小指の部分に置く。

④ 左手のそれぞれの指で同じことをくりかえし、かたどった手の輪かくの5本の指それぞれに指紋を貼る（図3）。

⑤ 虫めがねか肉眼で指紋をよく調べる（図4）。

⑥ 両手をこすりあわせて皮ふのあぶらを広げてから、透明なコップにいくつか指紋をつける。

⑦ コップについた指紋の1つに、ブラシを使ってココアパウダーをやさしくふりかける。

⑧ よけいなココアパウダーを吹き飛ばして、切ったテープで指紋を写しとる。

⑨ その指紋がついたテープを白い紙に貼って、自分の手のどの指と合うか調べよう。どの指の指紋かわかるかな？

おもしろさの 裏にある科学

皮ふの外側は表皮と呼ばれる。指紋は、人間の指の表皮にある盛り上がった線が残す模様だ。こうした盛り上がった部分のおかげで、わたしたちは触れた物を感じたり、物を上手につかむことができる。同じ指紋をもつ人間はひとりもいないけれど、指紋のパターンは遺伝する傾向がある。

指紋のパターンはうず巻きやループやアーチみたいに見える。指はあせやあぶらやインクその他の物質がついて跡を残しやすい。指紋は犯罪現場の捜査になくてはならない道具で、指紋の科学的な研究は皮膚紋理学と呼ばれる。

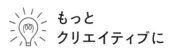

もっと クリエイティブに

家族の指紋を調べておいて、夕食のあとで食事中に使った水のコップから指紋を採取する。だれがどのコップを使ったかわかるかな？

指紋にコンスターチをふりかけて、テープで指紋をとって黒い紙に貼ってみよう。グラファイトを使ってとった指紋とどんな風に違っているかな？

5

おどろくべき液体たち

地球の広大な海やたくさんの湖や川のことを考えると、どこにでも液体があるように思えるかもしれない。運よく下水道がととのった場所に住んでいれば、蛇口をひねるだけできれいな水が出てくるだろう。

けれども、そうした水などの液体は、限られた範囲の温度と圧力のもとでしか存在できないため、宇宙全体でみるとかなりめずらしい物なのだ。実際に、宇宙の大部分はガスとプラズマでできていて、固形物もごくわずかしかなく、液体はほとんどあるいはまったくといっていいほどない。

液体は流体の1つで、流体とはそそいだ容器がどんな形だろうと自由に流れ動いてその形になることができる物のことだ。流体は固体の状態と気体の状態の中間に存在していて、さまざまな種類の分子をふくむことができる。液体のなかの原子は、凝集力と呼ばれる特別な分子間のノリでくっついている。液体のおもしろいふるまいの多くは、液体に作用する力と力の相互作用が原因だ。このユニットでは、液体の独特な性質のいくつかで遊んでみよう。

17 牛乳にカラフルな もようをつくろう

材料

◎ 浅い平皿
◎ 小さなコップかボウル
◎ 牛乳
◎ 食器用洗剤か
　 液体のハンドソープ
◎ 綿棒
◎ 液体の食用着色料

安全のための コツとヒント

◎ 食用着色料がつくとシミになる
　 ので、着古した服を着ておくこと。

図4_綿棒で牛乳をくりかえしさわって、もっとカラフルなもようをつくろう。

このカラフルな実験で、 表面張力という力が作用している様子を 目の当たりにしたらおどろくと思うよ。

手順

① 皿に底がかくれるくらい牛乳を入れる。この実験は牛乳の層がうすい 方がうまくいく(図1)。

② 小さなコップかボウルに、大さじ1杯(15ml)の水と小さじ1杯の食器 用洗剤または液体のハンドソープを入れて混ぜる。洗剤の種類によっ て効きめに違いが出ることがある。

図1_皿に牛乳を入れる。

図2_牛乳に食用着色料をたらす。

③ 牛乳に食用着色料を数滴たらす。次の手順④で牛乳の表面張力をやぶったときにどうなるかがよくわかるように、着色料は間隔をあけてたらそう（図2）。

④ 洗剤を溶かした水に綿棒をひたし、そのぬれた綿棒で牛乳にさわる。牛乳をかき混ぜないこと！ 洗剤が牛乳の表面張力をやぶって食用着色料が魔法みたいにグルグルうずを巻きはじめる（図3）。

⑤ 綿棒を洗剤の液でぬらして牛乳にさわるのをくりかえす。綿棒を牛乳のお皿の底までつけて、少しそのままにしておいた方がうまくいくこともある（図4）。

図3_洗剤を溶かした水につけた綿棒で牛乳をさわる。

おもしろさの裏にある科学

液体の表面が、引っぱってのばした弾力性のあるまくだと想像してみよう。空気をいっぱい入れてふくらませた風船の表面みたいなものだ。この液体の「まく」が結びついている状態のことを表面張力と呼ぶ。

この液体のまくが洗剤によってこわされると、食用着色料と牛乳がおもしろいパターンを描きながら牛乳の表面でグルグルうずを巻くのだ。

もっとクリエイティブに

牛乳にふくまれる脂肪は、表面張力にどんな影響をおよぼすだろう？ ふつうの牛乳の方がスキムミルクよりも実験がうまくいくかな？

お皿の牛乳の深さを変えたらなにが起きるだろう？ 洗剤の濃度は関係あるだろうか？ 洗剤を水でうすめずにそのまま牛乳にたらしたらどうなるだろう？

びゅんびゅん泳ぐ魚

材料

◎ なべや、ふちがある天板などの
　長方形の容器
◎ 厚手の工作用画用紙やカード、
　うすいボール紙やクラフト紙
◎ はさみ
◎ 液体の食器用洗剤

安全のための
コツとヒント

◎ 水を入れた容器のそばで子ど
　もたちだけにしないように。

図5_魚の尾のスリットに食器用洗剤を1滴たらす。

1滴の洗剤と表面張力で、
紙の魚を泳がせてみよう。

手順

① 用意した紙に5cmくらいの長さの小さい魚の絵を描く。それを切り取る
　（図1、2）。

② 魚の尾の裏に小さな長方形の切りこみを入れる。

図1_紙に魚の絵を描く。

図2_魚の形を切りぬく。

図3_長方形の容器に水をそそぐ。

③ 長方形の容器に水を数cmの深さになるようにくわえる（図3）。

④ 容器の片方のはしに魚を1ぴきか2ひき、頭が前を向くようにして入れる。すぐに魚の尾の切りこみ部分に液体食器用洗剤を1滴たらす（図4、5）。

⑤ 容器の水を新しく入れかえて実験をくりかえす。

図4_魚が前を向くようにして水に入れる。

おもしろさの 裏にある科学

　水の分子はくっつきたがる性質がある。液体の表面では、となりあった水の分子どうしがとても固くしっかりとくっつきあっているけれど、上の空気とはそれほど固く結びついてはいない。このせいで表面張力と呼ばれる現象が起き、水の上に一種の液体の「まく」ができる。
　硬貨に水をたらしたり、密度が高い金属製の針を水が入ったボウルの表面に浮かせたりすることで、この表面張力を観察することができる。
　水に洗剤をくわえると表面の分子どうしの結合が弱まって、表面張力がやぶられる。この実験では、魚の尾の切りこみにたらした洗剤がその小さな範囲の表面張力をやぶることで、結果的に洗剤が混じっていない水の表面張力の力を受けて魚が移動する。
　やがて洗剤は水全体に行きわたっていくので、実験をくりかえすには洗剤が混じっていない水に取りかえる必要がある。

もっと クリエイティブに

　すばやく泳ぐ完ぺきな魚をつくってみよう。どの材質がいちばんうまくいくかな？ アルミホイルや葉っぱなんかはどうだろう？ 他に、表面張力をやぶるために使うことができる材料はあるだろうか？

● 実験

19 フェルトペンの色を 分離すると…？

材料

◎ 白いコーヒー用フィルターか
　ペーパータオル
◎ 水で落とせるフェルトペン
◎ 透明なガラスコップ
◎ 水

安全のための コツとヒント

◎ フェルトペンの種類によって染料を分離しやすいものがある。黒と茶色とグレーを試してみよう。

図3_水が紙切れをつたって上がっていきながら染料を分離するのを待つ。

フェルトペンのインクから 色とりどりの染料を取り出してみよう。

手順

① ペーパータオルまたはコーヒー用フィルターを6mm幅に細長く切る。

② 切った紙の底から1cmくらいの場所に、点や線を濃く書く。同じようにいくつかの紙に色違いで点や線を書く。黒と茶色と緑を必ず入れておくようにする。実験のためにたくさんの種類の色で点や線を書いていくのは楽しい（図1）。

図1_それぞれの紙切れの下の方に、別々の色で点や線を書く。

図2_紙切れを、点や線が水の表面のすぐ上にくるようにたらす。

図4_できた紙切れはアート作品にしたり科学ノートに貼る。

③　コップに少量の水をそそぐ。

④　細長い紙切れを、はしに書いたインクが水面のすぐ上にくるようにしてたらす。水が紙をつたって上がっていくと、紙はガラスにへばりつく。上のはしを折ってフックのようにコップのふちにつるしてもよい（図2）。

⑤　水が染料を分離するのを待つ。紙切れをかわかして自分の科学ノートに貼るか、アート作品づくりに使う（図3、4）。

⑥　ペーパータオルやコーヒー用フィルターを切らずにそのままペンで点を書いて、コップの上にかぶせ、スポイトやストローで水をたらして丸い形に染料を分離するのも楽しい。

おもしろさの裏にある科学

　水を使ってインクの染料を紙の上で分離させるのは一種の液体クロマトグラフィー（分析法）だ。

　紙切れのはしを水につけると、水の分子は紙をつたって上へと移動していき、かわいた部分をぬらしていく。水はインクまで届くと、インクにふくまれる染料のいくつかを溶かし、この染料が水の分子といっしょに紙をつたって上へ移動していく。染料の分子のなかでも小さな分子は大きな分子よりも早く紙をつたっていくので、インクにふくまれる別々の染料が分離されていく。分離されて見ることができる染料の色は、ペンの色をつくり上げている化学物質のうちのいくつかの色なのだ。

もっとクリエイティブに

　紙に色素をつたわらせるのに、水の代わりにお酢や窓用クリーナーを使ってみよう。水のときと同じように見えるかな？

コップのなかににじをつくろう

材料

◎熱湯 およそ2カップ（480ml）
◎計量カップと計量スプーン
◎ビンかガラスコップ
◎グラニュー糖 大さじ20杯
　（1と1/4カップ、260g）
◎食用着色料
◎細長いグラス（リキュール用グラスなど）または試験管
◎スポイト、ストロー、
　またはスプーン

安全のための
コツとヒント

◎熱い液体は注意してあつかう。
◎コップに層をつくっていくときには、すごくゆっくり慎重（しんちょう）にしないと、液体が混ざってぼやけたにじになってしまう。

図5_液体のにじが完成。

砂糖水の層をつくって
密度勾配（こうばい）の意味を探ってみよう。

手順

① 4つのビンまたはコップに、熱湯を1/2カップ（120ml）ずつそそぐ。それぞれのコップに「大さじ2／赤」「大さじ4／黄色」「大さじ6／緑」「大さじ8／青」とラベルを貼るとよい（図1）。

② それぞれのコップのラベルに書いた色にしたがって、食用着色料を2滴（てき）ずつたらす（図2）。

③ 熱湯が入った最初のコップに大さじ2杯（26g）の砂糖をくわえる。

④ 2番目のコップに大さじ4杯（52g）の砂糖をくわえる。

⑤ 3番目のコップに大さじ6杯（78g）の砂糖をくわえる（図3）。

図1_熱湯を計量してコップにそそいでラベルを貼る。

図2_ラベルにしたがって食用着色料をくわえる。

図3_それぞれのコップに正確な量の砂糖をくわえる。

図4_指示にしたがってそれぞれの層を慎重にくわえる。

⑥ 4番目のコップに大さじ8杯（104g）の砂糖をくわえる。溶かす砂糖の量を増やしていくことで砂糖水溶液の密度も増えていく。

⑦ それぞれのコップの中身を混ぜて砂糖を溶かす。砂糖が溶けないようなら、大人が電子レンジで30秒ほどコップを温めてからまた混ぜる。熱湯のあつかいにはつねに注意すること。それでも砂糖が溶けない場合は、温水大さじ1杯（15ml）をくわえる。

⑧ いちばん密度が高い砂糖水（青）を、細長いグラスか試験管に2.5cmくらいそそぐ。

⑨ 次に密度が高い砂糖水（緑）を、スポイトやストローなどで青い層の上にそっとたらす。砂糖水の表面のすぐ上からコップ本体ぞいにたらすのがいちばんうまくいく。コップの内側に背が上にくるようにスプーンをそえて、その上に砂糖水をたらしてもよい。

⑩ 同じようにして黄色の層をくわえる（図4）。

⑪ 水1/2カップあたり大さじ2杯（26g）しか砂糖をふくんでいない、いちばん密度が低い赤の層をくわえたら、にじが完成（図5）。

おもしろさの裏にある科学

　密度は、質量（ある物体にふくまれる原子の数）を体積（ある物体がしめる空間）で割ったものだ。砂糖の分子はたくさんの原子がくっついてできている。1/2カップ（120ml）の水に砂糖を足せば足すほど、水にふくまれる原子は増えて溶液の密度も高くなっていく。密度がより低い液体は、密度がより高い液体の上にのっかる。大さじ2杯（26g）しか砂糖をふくんでいない水が、もっと多くの砂糖分子をふくんでいる層の上に浮かぶのは、こうした理由からだ。
　科学者は、細胞のさまざまな部分を分離するために、この密度勾配を利用する。細胞をこわして試験管のなかにつくった密度勾配のいちばん上にのせ、試験管を遠心分離機で高速に回転させるのだ。別々の形状と分子量をもつ細胞片たちが密度勾配のなかを別々の割合で移動するため、研究者は自分の研究対象の細胞部分を分離することができるのだ。

もっとクリエイティブに

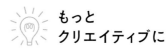

　もっとたくさんの層のにじをつくることができるかな？ 層はどのくらい分離したままでいるだろう？

21 火をつけても燃えない風船

材料

◎風船
◎水
◎ライターか長いマッチ

安全のための コツとヒント

◎炎（ほのお）をあつかうときには大人の見守りが必要。

◎この実験は念のため、屋外やシンクで行った用がよいかもしれない。

図2_風船の底に炎をあてる。

水風船に火をつけたら穴があくかな？

手順

① 風船に水をいっぱい入れて口を結ぶ（図1）。

② 風船の底に炎をあてる（図2）。

図1_風船に水を入れる。

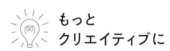

図3_風船をやぶる別の方法を見つけてみよう。

③ ゴムを溶かすのにどれくらい時間がかかるのか、そもそも
　ゴムが溶けるかどうか見てみよう。

④ オプションで、水風船を相手とぶつけあってみよう（図3）。

おもしろさの裏にある科学

　水は、わたしたちののどのかわきをうるおすだけではない。水は
わたしたちの体の60から79パーセントをしめ、体温を一定にたも
つ重要な役割を担っている。

　科学者の定義では、ある物質の温度を1℃上げるために必要な
熱の量を比熱という。水の比熱は他のどのような一般的な物質より
も高いので、水は温度をほとんど変化せずに大量の熱を吸収した
り放出したりすることができる。

　水の高い比熱のおかげで、風船は炎の熱を吸収し、ゴムは溶け
ないのだ。風船を生きている細胞に置きかえて考えると、温度が変
化しても細胞にふくまれる液体が細胞を守ってくれていることが実
感できるはずだ！

もっとクリエイティブに

　凍らせた水風船でこの実験をしたら
どうなるだろう？　塩水を入れた風船だ
ったらどうなるかな？

22 ひもにぶらさがる氷

材料

◎氷
◎室温の水が入ったコップ
◎料理用のたこ糸などのひも
◎はさみ
◎塩

**1本のひもと塩だけで
コップからアイスキューブ（氷のかたまり）を
もち上げてみよう。**

手順

① 料理用のたこ糸を15cmくらいの長さに切る。水が入ったコップに氷を
いくつか落とす（図1、2）。

② 氷の上にひもをたらして氷を引っぱり上げてみよう。ヒント：ムキになり
すぎないように、実際には引っぱり上げられないから。

図1_料理用のたこ糸を切る。

図2_水が入ったコップにいくつか氷を落とす。

③ ひもを水につけてぬらし、氷の上にのせ、ひもと氷に塩をたっぷりふりかける（図3）。

④ 1、2分待ってから、ひもだけで氷をもち上げてみよう。今度はうまくいくはず。

図3_塩を多めの1つまみか2つまみ、氷の上のぬれたひもにふりかける。

おもしろさの裏にある科学

ふつうなら0℃で氷は解けて、同じく0℃で水は凍る。しかし、塩をくわえると氷が解けて水が凍る温度が低くなる。

この実験では、まず塩によってひもの周辺の氷が解けはじめて、まわりの水から熱をうばう。そして冷たくなった水がひものまわりで再び凍るので、コップの水のなかから氷を引っぱり上げることができるのだ。

化学物質によって水の氷点は変わる。塩は−9℃で氷を解かすけれど、−18℃ではなにも起こらない。道路にまく除氷剤は、−29℃というもっとずっと冷たい温度で氷を解かすことができる。

もっとクリエイティブに

この実験は砂糖でもうまくいくだろうか？ 他に試すとしたらなにを使う？

6

ポリマーやコロイド、不思議なふるまいの物質

家庭の台所で合成して実験できる可塑性（かそせい）（引っぱったりのばしたりできる）のおもしろい物質がたくさんある。このユニットではそうした物質と遊ぶ方法を紹（しょう）介（かい）する。

　ビニール袋で遊んでみる。牛乳と洗たく石けん、それとノリを使って自家製の接着剤や、2種類以上の自由にこねることができる粘土（ねんど）をつくってみる。ゼラチンなどのゲルはおいしいおやつになるけれど、コロイドと呼ばれる特殊（とくしゅ）な溶液でもあって、拡散を研究するための強力な溶媒（ようばい）にもなる。

　単なるコーンスターチもちょっと水をくわえるだけで、もっともっと楽しいものになる。ダイラタント流体と呼ばれる非ニュートン性流体になるのだ。これは、かき混ぜるほどドロドロになって粘性（ねんせい）が高まる。同じ非ニュートン性流体でも正反対の存在が、動かせば動かすほど粘度（ねんど）が低くなる擬塑性（ぎそせい）流体（りゅうたい）だ。食器洗い洗剤の噴水（まほう）をつくって、その魔法のような性質を観察してみよう。

　想像力を働かせて、こうした実験で使った材料の独創的な使い方をあみ出してみよう。

23 やぶれても水がこぼれない魔法（まほう）のバッグ

図2_くしを袋の一方からさし、液体を通って反対側に出るまで突き通す。

材料

◎ジッパーがついたビニール袋
　（厚手のフリーザーバッグが最適）
◎水
◎食用着色料
◎先のとがった木や竹のくし

安全のための
コツとヒント

◎くしのとがった先端（せんたん）に注意。小さな子どもには見守りが必要。
◎この実験は屋外やシンクのなか、ボウルやバットの上でするのに適している。

**水が入ったバッグを、
先のとがったスティックでさしたら
水がもれると思う？ よく考えてみよう。**

手順

① ジッパーつきのビニール袋に水を入れる。

② 袋に食用着色料を1、2滴（てき）たらしてジッパーを閉じる（図1）。

③ 木か竹のくしをゆっくりと、片側から液体を通って反対側にぬけるまで完全に袋に突きさす。袋のなかの空気を押さないように気をつける（図2）。

④ くしを何本さしたら袋から水がもれるか観察する（図3）。

図1_ジッパーつきビニール袋の水に食用着色料をくわえてジッパーを閉じる。

図3_袋から水がもれるまで何本のくしがさせるかな？

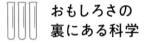

おもしろさの裏にある科学

ビニールはポリマー（高分子化合物）で、弾力性のある長い分子でできているため、くしがささった部分のまわりに密閉する封（シール）を形づくる。このポリマーのシールのおかげで、袋からよぶんに水がもれないのだ。

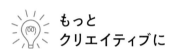

もっとクリエイティブに

この実験は他の液体でもうまくいくだろうか？　水が温かかったり冷たかったりしたらどうだろう？　液体と空気の境目にくしをさしたらどうなるかな？

24 マッドサイエンティストの 緑のスライム

材料

◎ ボウル
◎ 白いクラフト用ノリ*
◎ 水
◎ 計量カップと計量スプーン
◎ ガラスビンかボウル
◎ スプーン
◎ 緑の食用着色料
◎ 温水 1カップ（235ml）
◎ ホウ酸ナトリウムをふくんだ粉
　の洗たく石けん 大さじ山盛り1杯
　（20g）**

* 訳注：洗濯のり、液体のりなど、
　　PVAを配合したノリであればよい。
** 訳注：洗たく石けんでうまくいか
　　ないときは、薬局で買える「ホウ
　　砂」がおすすめです。

安全のための コツとヒント

◎ この実験では、漂白成分（ホウ
　酸ナトリウム）を含む石けんを
　あつかうため、小さい子どもに
　は見守りが必要。
◎ 何人かの子どもたちで実験する
　場合は、ノリの溶液を小さなコッ
　プに小分けして、一度にスプー
　ン1杯ずつくわえていくようにさ
　せる。

図5_スライムをボウルから取り出す。

ノリと洗たく石けんから、 ネバネバしたゴム状ポリマーを 合成してみよう。

手順

① ボウルに同じ量のノリと水を入れる。たとえば、ノリ1/2カップ（80ml）
　に対して水1/2カップ（80ml）。そして、混ぜる。

② 緑の食用着色料を数滴くわえて、また混ぜる。これがポリマー溶液だ（図1）。

③ 洗剤溶液をつくるため、温水をビンかボウルにそそぐ。そこに、ホウ酸ナトリウムをふくむ洗たく石けん大さじ山盛り1杯をくわえる。ふったりかきまわしたりして、石けんをできるだけたくさん溶かす（図2）。

④ ノリの混合物に、1回に小さじ1杯ずつ洗剤溶液をくわえていく。洗剤溶液をくわえるごとにかき混ぜる。長い糸が引き、くっつきはじめる。ベタベタ感がなくなってつるんとしたゴムのような物質になるまで、洗剤溶液をくわえつづける（図3）。洗剤溶液を足しすぎるとポリマーは湿った感じになる。手でぐいぐい押しつぶしてよけいな溶液を吸い取ろう。

⑤ 緑のスライムをボウルから取り出す。ころがして長いヘビにしたり、よくはずむボールをつくろう。スライムはビニール袋に保管する。もっと大きなかたまりをつくるには、同じ量のノリと水を混ぜて、必要なだけホウ酸ナトリウム洗剤溶液をくわえればよい（図4、5）。

図1_水でうすめたノリと少量の食用着色料を混ぜる。

図2_ホウ酸ナトリウム洗剤を水にくわえる。スライムをつくりたい人の分、ノリのポリマー溶液をボウルに小分けする。

図3_ノリのポリマー溶液に洗剤溶液を、1回にスプーン1杯ずつ、ノリがベタベタしなくなるまで足していく。

図4_スライムを丸めてボールや長いヘビをつくってみよう。

おもしろさの裏にある科学

　分子とは、水の単一分子 H_2O のように、単体で存在することができる特定の化学物質のいちばん小さな量だ。ノリはポリマー（高分子化合物）で、ビーズのネックレスみたいにつながった分子の長いくさりでできている。この実験で、水とノリで形成されたポリマーはポリ酢酸ビニルと呼ばれている。

　ホウ酸ナトリウム洗剤溶液は、ノリのポリマーのくさりをくっつけ合わせさせる。くさりがたくさんくっつけばくっつくほど、動きづらくなって粘度が高まっていく。最後にはすべてのくさりがくっつきあって、それ以上は架橋溶液を取りこめなくなる。

もっとクリエイティブに

　水にノリを溶かさなかったらどうなるだろう？ 1対1より多くノリを溶かしたらどうなるだろう？

25 牛乳でつくる ノリとプラスチック

材料

[牛乳のノリ用]
◎牛乳 1カップ（235ml）
◎ボウル2個
◎お酢 1/3カップ（80ml）
◎こし器またはコーヒーフィルター
◎ベーキングソーダ（重曹）
　小さじ1/8杯（0.6g）
◎水（オプションで）

[牛乳のプラスチック用]
◎牛乳 4カップ（946ml）
◎中型の深なべ
◎お酢 1/4カップ（60ml）
◎耐熱のスプーン
◎こし器

安全のための コツとヒント

◎牛乳を温めるときには大人の見守りが必要。

図7_プラスチックで形をつくって乾燥させる。

牛乳は、見かけよりも優れもの。 お酢を使って牛乳を 接着剤やプラスチックに変えてみよう。

牛乳のノリの手順

① ボウルに牛乳を入れる。牛乳にお酢をくわえて混ぜる（図1）。

② こし器かコーヒーフィルターを使って、この液体からカード（凝乳）と呼ばれる白いつぶつぶのかたまりをこす（図2）。

③ カードにベーキングソーダをくわえてよく混ぜる。ベーキングソーダとお酢が反応して泡が立つ。ノリ（接着剤）がかたすぎたら、水を少し足す。この手づくりのノリを使ってアート作品をつくろう（図3）。

④ 使わずに残ったノリは冷蔵庫で2日間もつ。

牛乳のプラスチックの手順

① 中型の深なべに牛乳を入れて、中火で熱くなるまで温める。沸騰させないこと（図4）。

② 温めた牛乳にお酢をくわえて混ぜる。カードが大きな白いかたまりとなって分離される（図5）。

③ こし器でホエー（乳清）からカードをこし、カードを冷ます。よけいな水分をしぼる。カードをきれいなボウルに移す（図6）。

④ 残った水分をすべてしぼり取って、なめらかになるまでカードをこねる。

⑤ カードを使って、動物の形をつくったり、ようじで形をととのえながらビーズをつくる（図7）。この牛乳プラスチックは、かわいたら色をぬることができる。

図1_牛乳にお酢をくわえる。

図2_液体をこしてカードを残す。

図3_できたノリはアート作品に利用しよう。

図4_熱くなるまで牛乳を熱する。沸騰はさせないように。

図5_牛乳にお酢をくわえて混ぜる。

図6_カードをこして冷ます。

おもしろさの裏にある科学

　牛乳にはカゼインと呼ばれるタンパク質がふくまれている。カゼインはポリマー、つまり分子のくさりなので、プラスチックがかたくなるまで曲げたり動かしたりできるのだ。

　カゼインは酸と混ざらないため、酸であるお酢は牛乳を分離させ、脂肪やミネラルやカゼインタンパク質がカードと呼ばれるかたまりになる。白いクラフトノリは、カードのカゼインからできている。チーズも、ご存知のようにカードからつくられている。

もっとクリエイティブに

　レモンのしぼり汁みたいな、他の酸でも同じ実験はできるかな？ ノリにもっとベーキングソーダをくわえたらどうなるだろう？

073

ゼラチンで行う拡散の実験

材料

◎水 4カップ（946ml）

◎中型の深なべ

◎味のついていないゼラチン 4袋
（28g）。食料品売り場にある

◎耐熱性のスプーン

◎食用着色料

◎透明な耐熱性の容器または
シャーレ

◎ストロー

◎ようじ

安全のための
コツとヒント

◎お湯をわかしたり溶けたゼラチ
ンをそそぐときには、大人の見
守りが必要。

図4_1時間ごとに円の大きさを測って、食用着色料がどれくらいの速さでゼラチンを移動しているか確
かめよう。

カラフルな円をつくって、
拡散という現象への理解を深めよう。

手順

① 中型の深なべでお湯をわかす。沸騰したお湯にゼラチンをくわえる。溶
けるまで混ぜたら、少し冷ます。

② 液状になったゼラチンを耐熱性の容器またはシャーレに1cmほどそそ
いで、固まらせていく（図1）。

③ ストローを使ってゼラチンに深さ6mmくらいの穴をいくつかあける。ス
トローを容器の底までつけてしまわないように。穴に残ったゼラチンの
かたまりを、ようじで取りのぞく（図2）。

図1_耐熱の容器何枚かに、1cmの深さで液体ゼラチンをそそぐ。

図2_ストローを使ってゼラチンに穴をあける。

図3_それぞれの穴に食用着色料をたらす。

④ 違う色の食用着色料を、それぞれの穴にたらす。このシャーレ（または容器）をいくつかつくる（図3）。

⑤ シャーレの何枚かは冷蔵庫に入れ、残りの何枚かは室温のままにする。

⑥ ときどき、まわりのゼラチンに拡散していく食用着色料の円の大きさを測る。1時間に何cm広がっていっているだろう？ 温度によって差があるだろうか？（図4、5）

図5_食用着色料は室温と冷蔵庫のなかではどちらが早く拡散している？

おもしろさの裏にある科学

ゼラチンは、親水コロイドとして知られる特別な物質だ。親水コロイドは、水をベースにした溶液に微粒子が浮遊している。寒天と似ていて、対流（流体における別の種類の動き）を後押しないため、拡散の実験に適した媒体だ。

拡散とは、同じような分子がたくさんある高濃度の場所から、同じような分子が少ない低濃度の場所へと移動することをいう。空間に均等に分子が広がっている状態を平衡と呼ぶ。箱の半分に黄色いボール、もう半分に青いボールがつまっている状態を想像してみよう。その箱を振動するなにかにのせると、ボールは不規則に動きまわりはじめ、青色と黄色のボールは均等に混じりあう。

分子が拡散する速さには、温度をふくめてたくさんのことがらが影響する。分子は温められるとより速く振動し、より速く動きまわるので、平衡はもっと速く達

もっとクリエイティブに

同じ実験を、紫キャベツのジュース（実験1「色が変わる魔法の薬」を参照）2カップ（475ml）と、水2カップ（475ml）、ゼラチン4袋（28g）でやってみよう。数滴のお酢やベーキングソーダ、水溶液がどれくらい速く拡散するか確かめよう。紫キャベツにふくまれる色素は酸にさらされるとピンク色に変わり、塩基にさらされると青／緑に変わる。

成される。

拡散は気体でも液体でも、固体ですらも起きるため、汚染物質が1カ所から別の場所へと移動する一因にもなる。バクテリアは膜組織を横切る単純な拡散を利用して、生きのびるために必要な物質を取りこんでいく。わたしたちの体も、拡散をふくめたプロセスで酸素や二酸化炭素や水を移動させているのだ。

かたくなったりドロドロになったり!?
不思議なスライム

材料

◎中型のボウル
◎スプーン（オプションで）
◎コーンスターチ 1カップと
　大さじ2杯（147g）
◎水 1/2カップ（120ml）
◎食用着色料
　（色をつけたい場合）

安全のための コツとヒント

◎食用着色料はスライムから手や
　服に色移りしやすいので注意。
◎スライムに色をつけるときには、
　コーンスターチを混ぜる前の水
　に食用着色料をくわえる。
◎食用着色料を使わなければ、こ
　の実験は水で簡単にきれいに
　後片づけできる。

図5_動かすのをやめたらどうなるだろう?

非ニュートン性の物質を混ぜあわせて楽しもう。

手順

① コーンスターチと水、食用着色料を中型のボウルのなかでスプーンか手を使って混ぜてスライムをつくる。スライムは、とろみのある濃いシロップくらいのかたさと粘度にする（図1、2、3）。

② ボウルからスライムを少し取り出して、丸めてボールにする（図4）。

③ 丸めるのをやめて、指のあいだからしたたり落としてみよう（図5）。

④ スライムをトレイや天板にのせる。手でたたきつけたらどうなる? しぶきを上げさせることができるかな?

⑤ スライムがかわきすぎたら、ちょっと水を足せばよい。

図1_コーンスターチに水をくわえる。

図2_コーンスターチと水を混ぜあわせる。

図3_スライムにちょっとだけ食用着色料を足す。

図4_両手でスライムを丸めてボールにする。

おもしろさの 裏にある科学

　流体と固体のほとんどは予想どおりにふるまい、押したり引っぱったり、ねじったりゆすったりしても、それぞれ流体と固体の特性を保ったままだ。ところが、非ニュートン性流体と呼ばれる流体はこの規則にしたがわない。コーンスターチのスライムは、こうした裏切り者の流体の1つだ。ダイラタント流体と呼ばれる非ニュートン性流体で、圧力をくわえるとコーンスターチの原子が配列しなおして、むしろ固体に近いふるまいをする。

　コーンスターチのスライムを手のひらにのせたり、指のあいだをゆっくりすべらせたりすると液体みたいだけれど、ねじったり、かき混ぜたり、両手で丸めたりするとむしろ固体みたいでかたい感触(かんしょく)がするのは、こうした理由からだ。

　いつの日かこうした流体は、着用している人にあわせて動きながらも高速の発射物を止めることができる防弾(ぼうだん)チョッキなどに利用されるかもしれない。

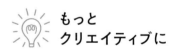

もっと クリエイティブに

　水の量を多くしたり少なくしたらどうなる? 同じ性質のままだろうか? 非ニュートン性流体の実用的な使い方を考えられるかな?

勝手に飛びはねる ハンドソープ

材料

◎いす
◎テープ
◎液体ハンドソープ
◎チャックつきビニール袋
◎大きな皿または浅いなべ
◎はさみ
◎しぼり口（オプションで）[注]を参照

安全のための コツとヒント

◎実験をはじめる前に、140ページの資料にのっているケイ効果のリンクで動画を見ておくと、完ぺきにセッティングしたらどうなるか確認できる。

◎本物の科学者みたいに、最善の結果を得るために変数（変えられる条件）をととのえて実験をしなければならない。使うハンドソープの種類、切り取る穴の大きさ、ビニール袋をつるす高さなど、ほとばしる石けんの噴射を目にする前に最適にととのえておく必要がある。

図5_噴射が1、2秒つづくこともある。

液体石けんで、みごとなミニ噴水をつくろう。

手順

① ジッパーつきビニール袋の半分くらいまで、液体ソープか食器用洗剤を入れる。食用着色料を数滴たらす（図1）。

② ビニール袋の角が1カ所、下のお皿の方に向くように、袋をテープでいすに貼る。お皿よりも60cm上の場所から試してみよう（図2）。

図1_チャックつきビニール袋に液体ハンドソープを入れる。

図2_ハンドソープが入った袋を、角の1カ所がまっすぐ下を向くようにいすにテープで貼る。

図3_袋のはしっこを切ってすごく小さな穴をあける。

③ 床にいちばん近い袋の角をはさみで切り取って、石けんが流れ出す小さな穴（1mm）をつくる。もう少し大きくしたくなるかもしれないけれど、必要なのはお皿にたれていく、とても細くて一定した石けんの流れだ（図3）。

④ 流れの下に積みあがる石けんから噴射するジャンピング噴水を見てみよう（図4、5）。

[注] この実験のアイディアをくれた物理学者は、ビニール袋に1mmのしぼり口をつけて、お皿より20cm上に袋をつりさげていた（140ページの資料を参照）。

図4_流れの下に積みあがった石けんの山から噴水が飛び出すのを見よう。

おもしろさの 裏にある科学

ケチャップ、ノンドリップのペンキ（たれないペンキ）、液体石けん、シャンプーはすべて、非ニュートン性流体の仲間だ。こうした流体は、じっとしているときはすごくドロッとしているけれど、流れていくにつれて、より「液体」に近くなる。動きによって粘性が減って、よりすべりやすくなっていくからだ。変化が起きるのは速度と方向の両方だ。

1963年、技術者のA.ケイは、非ニュートン性流体の流れの当たる場所の下から、液体が噴水のように飛び出すことに気づいた。この不思議な現象は「ケイ効果」として知られるようになった。

もっと クリエイティブに

ビニール袋の下に角度をつけてお皿を置いたらどうなるだろう？

7

酸と塩基

このユニットでは植物の色素を利用して、酸性度について探る。

　酸と塩基と呼ばれる化合物は、水に溶かしたとき正反対の性質をあらわす。酸は水に溶けてプラスの電荷を帯びた水素イオン（陽子）を放出する。塩基はこの陽子を受け取ったり、負イオンを溶液に与えたりする。科学者たちは、溶液の酸性度やアルカリ度を測る手段として、どれだけ陽子があるかで判断するpHスケールをつくり上げた。このスケールでは、とても酸性が強いpH0から、とても塩基性（アルカリ）が強いpH14まで測れる。

　水には、ほぼ同じ数の陽子と水酸化イオンがあるので、pHは中性の7あたりだ。わたしたちの胃のなかの塩酸のpHはおよそ1、ピクルスのpHは3の少し上、家庭用の漂白剤のpHは9から10のあいだだ。

　多くの科学者は、溶液のpHを調べるために、特定の植物の色素で処理した特殊な紙を使う。色素は物に色をあたえる分子で、色素のなかには酸／塩基に反応するものがあり、それが酸／塩基の指示薬になる。つまり、こうした色素は、異なるpHごとに色が変化するのだ。最初のリトマス紙は苔類からつくられていた。ここでは紫キャベツとコーヒー用フィルターを使って自分だけのリトマス紙をつくってみよう。

29 紫キャベツのリトマス紙

● 実験

材料

◎紫キャベツ
◎中型の深なべ
◎水
◎耐熱性のスプーン
◎白いコーヒー用フィルター
　またはペーパータオル
◎はさみ

安全のための
コツとヒント

◎紫キャベツをきざんで煮る作業
は大人がすること。ジュースが
冷めたら子どもにまかせる。

[注] コンロを使わずにすませる
には、紫キャベツ半玉をきざん
で水およそ3カップ（710ml）と
いっしょにミキサーにかける。そ
の液をざるでこしてから、角を1
カ所切り落としたビニール袋に
入れたコーヒー用フィルターで
こす。

図4_紙をお酢や石けん、レモン果汁、ベーキングソーダ溶液につける。

紫キャベツとコーヒー用フィルターで、
アートっぽいリトマス紙をつくってみよう。

手順

① 紫キャベツ半玉をみじん切りにして深なべに入れる。水をそそぐ（図1）。
　ときどき混ぜながら、ふたをしないで15分ほど煮る。

② ジュースが冷えたら、ガラスビンかボウルにこす。

③ ペーパータオルかコーヒー用フィルターを紫キャベツのジュースに数分
　つける（図2）。

図1_紫キャベツをきざむ。

図2_白いコーヒーかペーパータオルを紫キャベ
ツのジュースにひたす。

図3_キャベツで着色した紙を細長く切ってリ
トマス紙にする。

④ ペーパータオルまたはフィルターを取り出して、シミができない
物の上でかわかす。乾燥(かんそう)時間を早めるためによぶんな水分は
ふき取っても大丈夫。濃い色を出したいときには、ジュースにつけて
かわかす作業をくりかえす。かわいたら幅2cmほどに切って細長い
紙切れにする(図3)。リトマス紙ができる。

⑤ リトマス紙がわいたら、もう使って大丈夫。リトマス紙を石け
ん水やレモン果汁(かじゅう)、水に溶かしたベーキングソーダやベーキン
グパウダー、お酢など、なんでも好きなものにひたして試してみよう。
紙は、酸性の溶液なら赤からピンク、塩基性の溶液なら青か緑に変
化する(図4、5)。

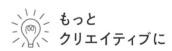
図5_紙は酸性ならピンク、塩基性なら青に変
わる。

おもしろさの 裏にある科学

　酸性の分子は水に溶けてこわれ、陽子と呼ばれる浮遊性の水素
イオンを放出する。塩基もやはり水に溶けてこわれるけれど、酸と
反応しやすいイオンを形成して水素イオンを取りこむ。
　紫キャベツのジュースのなかで、紫キャベツの色のもととなって
いる分子が色素だ。紫キャベツのジュースの色素は酸塩基指示薬(さんえんきしじやく)
と呼ばれる特別な分子なのだ。この分子は酸か塩基のどちらにさ
らされるかによって、わずかに形が変わる。そのせいで光の吸収も
変化して色が変わるのだ。紫キャベツのジュースでつくったリトマ
ス紙を酸にさらすと赤やピンクに変わり、塩基にさらすと緑や青に
なるのは、これが原因だ。

もっと クリエイティブに

　残ったキャベツのジュースは、実験
1の「色が変わる魔法の薬」や実験26
「ゼラチンで行う拡散の実験」、実験
30「海の酸性化のシミュレーション」な
ど、他の実験で使おう。

30 海の酸性化の シミュレーション

材料

◎ 紫キャベツ
◎ ナイフ
◎ 中型の深なべ
◎ 水
◎ 炭酸水
◎ 耐熱性のスプーン
◎ 紙のコーヒー用フィルターをし いたざる（オプションで［注］を 参照）
◎ 透明か白のコップまたは試験管
◎ ストロー（オプションで）

安全のための コツとヒント

◎ キャベツのジュースに毒性はな いが、きざんで煮る作業は大人 がするように。ジュースが冷えた ら子どもにまかせて大丈夫。

図3_二酸化炭素によりキャベツのジュースが酸性になってピンクっぽくなる。

紫キャベツのジュースと炭酸水、 そして自分の息を使って、 二酸化炭素による酸性化を目で見てみよう。

手順

① 紫キャベツ半玉をみじん切りにして深なべに入れる。水をそそぐ。ときど き混ぜながら、ふたをしないで15分ほど煮る。

② ジュースが冷えたらガラスビンかボウルにこす。

③ 2個の小さなコップまたは試験管それぞれに、小さじ2杯（10ml）の紫 キャベツジュースをそそぐ。

図1_紫キャベツのジュースが入った片方のコップに水を、もう片方に炭酸水をくわえる。

図2_色の変化を観察する。

図4_少量のキャベツジュースにストローで息をふきこむ。

図5_息にふくまれる二酸化炭素が、キャベツジュースをわずかにピンクっぽくする。

④ 1個のコップには炭酸水を、もう1個のコップには水を足す。それぞれのコップに足す水と炭酸水はほぼ同じ量にしよう。実験をさらにうまくいかせるために、炭酸水と水は同じ水源のもの、または同じ水道水で片方にドライアイスを入れて炭酸水をつくって使うとよい（図1）。

⑤ 色の変化を観察する。紫キャベツのジュースは酸にさらされるとピンク、塩基にさらされると青に変わる（図2、3）。

⑥ （オプションで）2個の小さなコップまたは試験管に紫キャベツのジュースを1、2ml入れる。ストローをコップの底につくまでさしこんだら、ジュースがピンク色っぽく変わっていくのがわかるまで数分間、息をふきこむ。しんぼう強くがんばって！ 試験管を使うとジュースが飛びちりにくいのでよごれにくい（図4、5）。

[注]コンロを使わずにすませるには、紫キャベツ半玉をきざんで水およそ3カップ（710ml）といっしょにミキサーにかける。その液をざるでこしてから角を1カ所切り落としたビニール袋に入れたコーヒー用フィルターでこす。加熱していないキャベツジュースは発泡が長くつづいて、青の発色がわずかに明るくなる。

おもしろさの裏にある科学

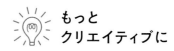

　紫キャベツの色素は酸性指示薬で、酸があると赤かピンクに変化する。炭酸水のなかで泡をつくる二酸化炭素やわたしたちの息にふくまれる二酸化炭素は、キャベツジュースの水と結合して炭酸をつくり出すので、溶液のpHが下がって、キャベツのジュースはピンクになる。

　化石燃料を燃やしたり、熱帯雨林を焼きはらったりという人間の活動で放出される二酸化炭素の大部分は、地球の海に吸収されている。その結果、紫キャベツジュースでの実験と同じように、海水はどんどん酸性化している。pHの低下と海洋化学の変化の影響で、サンゴ礁などの海の生物たちは生きのびて繁殖することが難しくなってきている。ソーダの二酸化炭素が歯を酸性にしてよくない理由は、想像がつくだろう。

もっとクリエイティブに

　キャベツのジュースにイーストを入れてしばらく培養したら、どんな色に変わるだろう？ 実験33「イースト風船をふくらませるには…?」を、水の代わりにキャベツジュースを使って行ってみよう。

　紫キャベツのジュースに無色のソーダをそそいだらなにが起きるか確かめてみよう。

3¹ かくされたスパイの メッセージを解読しよう

材料

◎新鮮なクランベリー 2カップ
　（200g）
◎ナイフ
◎中型のふたつきなべ
◎水 3と1/3カップ（710ml）、
　手順⑦で必要な分
◎こし器かざる
◎紙を入れられるくらいの大きさ
　のキャセロール皿か焼き型
◎ベーキングソーダ
◎温水 1/3カップ（80ml）
◎プリンター用紙
◎はさみ
◎綿棒、絵筆、または
　ロリポップスティック
◎レモン果汁（オプションで）

図5_クランベリージュースでメッセージをあばこう。

安全のための コツとヒント

◎クランベリーを煮るのは大人が
すること。煮るときはなべにふた
をすること。クランベリーが水に
浮くのは空気のポケットがある
からで、この空気のポケットは
熱すると破れつしやすいのだ。
◎複数の紙を試してみなければい
けないかもしれない。紙の試し
方は手順に書いてある。
◎この「目に見えないインク」の実
験では、はしが平らに切断して
ある綿棒やロリポップスティック
が、ペンにいちばん適している。

クランベリーにふくまれる酸や、
塩基に反応しやすい色素を使って、
目に見えないメッセージをあばこう。

手順

① クランベリーを半分に切って空気のポケットを確認する（図1）。

② 3カップ（710ml）の水でクランベリーを15分から20分、ふたをして煮る。クランベリーのなかの空気が熱されて爆発するポンッという音に耳をすませてみよう（図2、3）。

③ 濃いクランベリージュースを集めるために、煮たクランベリーをつぶしながら、液をこし器かざるでこして、紙が1枚入るくらいの大きさのキャセロール皿か焼き型にそそぐ。

図1_クランベリーをいくつか切って、なかの空気ポケットを見てみよう。

図2_クランベリーに水をくわえる。

図3_ふたをしてクランベリーを煮る。

図4_紙にメッセージを書く。

④ そのままジュースを冷ます。クランベリージュースがドロッとしてシロップみたいだったら、紙に吸わせることができるくらいまで水でうすめる。

⑤ 使いたい紙を少し切って、それをクランベリージュースにひたしてみる。ピンク色のままなら大丈夫。もしすぐに青やグレーに変わったら、その紙は使えないので別の紙を試してみる。

⑥ 温水1/3カップ（80ml）にベーキングソーダを小さじ2杯ほど（およそ9g）くわえてよく混ぜ、目に見えないインクをつくる。ベーキングソーダが溶けきらなくても大丈夫。このインク以外にも、レモン果汁でメッセージを書くこともできる。

⑦ 綿棒や絵筆やロリポップスティックのペンと、ベーキングソーダ溶液やレモン果汁のインクを使って紙にメッセージを書く。少し練習が必要かもしれない（図4）。書いたメッセージはそのまま空気乾燥させる。ドライヤーをあてると早くかわかせる。

⑧ メッセージを目に見えるようにあばく。紙をクランベリージュースにひたして、なにが起きるか見てみよう！（図5）

おもしろさの裏にある科学

クランベリーにはアントシアニンと呼ばれる色素がふくまれていて、そのせいで明るい色をしている。自然界では、こうした色素が鳥や動物たちを果物へと引きよせる。

アントシアニンはフラボノイドの一種で、酸や塩基とふれると色が変化する。クランベリージュースは酸性度がとても高く、その色素は酸にくわえるとピンクに、塩基にくわえると紫や青に変わる。

ベーキングソーダは塩基性なので、ベーキングソーダで書いたメッセージはクランベリージュースにふくまれる色素にふれると青くなる。最終的に、クランベ

もっとクリエイティブに

この実験で他にどんな自然の酸塩基指示薬が使えるだろう？ インクには他になにが使えるだろう？

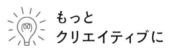

リージュースが紙に十分にしみこむと、ベーキングソーダはうすまり、色素が赤にもどってメッセージはまた消えてしまう！

アントシアニンは300種類以上あり、多くの果物や野菜にふくまれている。

科学者によればアントシアニンにはたくさんの健康効果があるらしい。

すてきな微生物学

わたしたちが生まれた瞬間から、体の表面のほぼすみからすみまで、小さな生き物がわが物顔で居ついている。肉眼では小さすぎて見えないけれど、なかにはわたしたちを病気にしてしまうものもある。でも、ほとんどは人間の健康にとって絶対不可欠なものなのだ。

ほとんどの生物と同じく、微生物たちは育つ場所や生きのびるのに必要な物にこだわる。体温でうまく生育して人間の皮ふから得られる栄養素で生息しつづけられる微生物がいる一方、他の状況下で生きるのを好む微生物もいる。極限微生物と呼ばれるバクテリアのなかには、熱すぎたり、寒すぎたり、酸性が強かったり、放射線が強かったりなどの、ほとんどの生物が生きのびられないような環境で生きることができるものもいる。ウイルスと呼ばれる、興味をそそる無生物の病原菌は、生きている細胞をのっ取って細胞機構をぬすむことによってだけ、自分たちの新しい複製をつくることができる。

研究室で微生物を増殖させるために、研究者は最適な環境をあたえなければならない。たいていの微生物は培養液のなかや、固形のプレートの上で増殖する。培養液は大量の微生物を増殖させることができるが、一方でこのユニットでつくる固形の寒天プレートのように、個々の微生物を隔離することもできる。

室温で容易に育つのは、身のまわりやわたしたちの皮ふの上にいる微生物や菌類のほんのひとにぎりだ。このユニットでは、どんな微生物が自分の家で育っているかを探り、イースト菌がどうやってパンをふくらませるのかを観察し、どうして水と石けんで手を洗うことがそれほど大切なのかを学ぼう。

32 手づくりの微生物動物園

材料

◎ よごれていない使い捨ての容器。マフィン用のホイルカップや、ジッパーつきビニール袋でおおった透明なプラスチックのコップ、ふたがついた透明なプラスチック容器、浅い皿など。

◎ 小さななべ、または電子レンジ対応のボウル

◎ ビーフブイヨンのキューブまたは顆粒 小さじ1杯（およそ2g）

◎ 水 1カップ（235ml）

◎ 粉の寒天 大さじ1杯（14g）、または味のついていないゼラチン1と1/2袋（12g）

◎ 砂糖 小さじ2杯（9g）　◎ 綿棒

◎ 皿またはラップ　◎ ペンとラベル

安全のための コツとヒント

◎ シャーレをつくるには、とても熱い液体をあつかう必要があるため大人が必ず手伝うこと。

◎ マフィン用のホイルカップをシャーレにする場合は、マフィンの焼き型にカップを入れて寒天を流しこみ、冷えたら別々にジッパーつきビニール袋に入れる。

◎ シャーレは2、3日以内に使うこと。シャーレをあつかっているときは、空気中にただよっている微生物によって汚染されてしまわないように、ゆるくふたをしておくようにしよう。

◎ シャーレをあつかったあとは手を洗い、観察が終わったら皿は捨てよう。

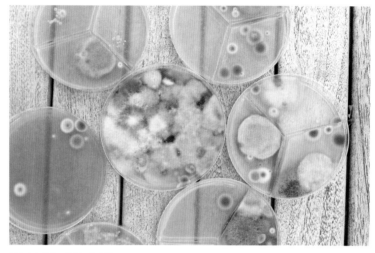

図4_なにが育つか見てみよう!

台所の調理台にはなにがいるだろう? 家のなかで生息しているいくつかの微生物のコロニーを培養してみよう。

● 手順

① 微生物の食べ物、つまり増殖培地をつくる。小さななべか電子レンジ対応のボウルに、ビーフブイヨン、水、寒天またはゼラチン、砂糖を混ぜあわせる（図1）。

② コンロでなべを火にかけて混合物を温める。1分間に一度かき混ぜながら、寒天またはゼラチンが溶けるまで注意深く見守る。沸騰した液を火から下ろして皿かラップでおおう。15分ほどそのまま冷ます。

③ 清潔な容器に、液を1/3くらいまで慎重に入れる。容器をふたやホイル、ビニール袋でゆるくおおい、すっかり冷えるまでそのままにしておく。液が固まったら使うことができる。密封して冷蔵庫に保管してもよい（図2）。

図1_材料を混ぜる。

図2_皿にそそぐ。

図3_いろいろな場所をぬぐってサンプルをとる。

④ 容器のふたから結露（水のしずく）をふるいおとして、またふたをする。容器の底に、日付と微生物を採取したい場所の名前を書いたラベルを貼っておく。調べる場所ごとに別の容器を使うか、シャーレを4等分に区切ってそれぞれにラベルを貼っておく。

⑤ 調べてみたい場所の表面をよごれていない綿棒でぬぐう。その場所の名前を書いておいた容器のふたを取って、今ぬぐってきた綿棒をそっとこすりつける。電話、リモコン、台所のシンク、コンピューターのキーボード、ドアのノブ、ピアノの鍵盤などが調べるのにうってつけの場所だ。自分の指でシャーレにさわったり、シャーレに向かってせきをしたりしてもよい。30分ほどふたをあけたままにして空気にふれ、空気中になにがただよっているかを調べることだってできる（図3）。

⑥ 作業が終わったら、シャーレにゆるくふたをしてテープを貼り、平らな場所におく。

⑦ シャーレでなにが成長するか観察する。たいてい菌類（かび）が見えるはずだが、透明か白の小さな点も見えるかもしれない。これが何百万ものバクテリアからなるコロニーだ（図4）。自分のシャーレで育つ微生物のコロニーの形や大きさや色をよく観察してみよう。

［注］ゼラチンは暖かすぎると溶けるし、バクテリアのなかにはゼラチンを液化できるものもいる。そのため、研究室で実験をする科学者たちはシャーレに寒天を使うのだ。寒天は海藻からできていて、食料品店ならどこでも手に入る。

おもしろさの裏にある科学

菌類やバクテリアなどの微生物は、顕微鏡を通さなければ見ることができないけれど、わたしたちの体と身のまわりのあらゆる場所で生きている。この実験でのように、培養地で成長させられるものもある。動物園の動物たちみたいに、それぞれの微生物には、食べ物や湿度、温度、さらにはどれくらいの空気を必要とするかなど、特定の条件がある。あなたが育てるコロニーは、あなたがあたえる食べ物や温度しだいなのだ。

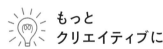 もっとクリエイティブに

シャーレで他にどんな実験ができると思う? 実験34「手洗いの効果を確かめる実験」を試してみよう。

コロニーの大きさ、色、その他の特徴によって、自分のシャーレでなにが育っているかが特定できる。微生物学者は顕微鏡検査、染色、化学検査、さらには拡散分析までもちいて、未知の有機体を特定している。

33 イースト風船を ふくらませるには…?

材料

◎ 小さなジッパーつきビニール袋
◎ ペン
◎ 活性ドライイースト（乾燥酵母）
　4袋（小さじ2と1/4杯［9g］）
◎ 塩 小さじ1杯（6g）
◎ 砂糖 小さじ6杯（27g）
◎ 水 2カップ（475ml）

安全のための コツとヒント

◎ 実験から目をはなさないように。
　袋のひとつが破れそうに見えた
　ら、口をあけて圧力をぬこう。

図4_それぞれの袋に水を入れる。

イースト風船をつくって、 なにがイースト菌を増殖させるか発見しよう。

手順

① ジッパーつきビニール袋4枚に次のようにラベルをつける。「砂糖＋温水」「砂糖＋冷水」「砂糖＋塩＋温水」「砂糖なし＋温水」（図1）

② それぞれの袋にイーストを1袋（全部で小さじ2と1/4杯［9g］）ずつ入れる。「砂糖」とラベルに書いてある3つの袋に、それぞれ砂糖を小さじ2杯（9g）ずつくわえ、「塩」とラベルに書いてある袋には塩小さじ1杯（6g）をくわえる（図2、3）。

③ それぞれの袋に、ラベルに書いてある条件にしたがって注意深く水をカップ1/2杯ずつ入れていく。温水は温かいものを使うけれど、熱すぎないように。そうでないとイーストを殺してしまう。冷水は室温でもよいし、氷で冷やしたのでもよい（図4）。

図1_ビニール袋にラベルをつける。

図2_それぞれの袋にイーストを入れる。

図3_「砂糖」とラベルに書いた袋に砂糖をくわえる。

④ 袋のジッパーを閉じて置いておく。このとき、よぶんな空気はできるだけ押し出しておく。イーストは寒い部屋よりも暖かい部屋の方が早く育つ。

⑤ なにが起きるか袋を観察しよう。イースト細胞たちが袋のなかでしあわせそうに育ちながら発する二酸化炭素ガスがたまって、袋をふくらませているのがわかるだろう（図5）。どの材料がいちばん、イーストが育つのを助けるかな？ よく育たないようにしてしまう材料はなに見つかったかな？ イースト細胞は温水と冷水のどちらでよく育つかな？

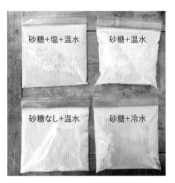
図5_イーストをいちばんよく育てるものはなんだろう？

おもしろさの 裏にある科学

人間は四千年以上前からパンをつくってきた。パンがなぜふくらむのかは、著名な科学者ルイ・パスツールがイーストと呼ばれる小さな生物（有機体）がパンの生地をふくらませていることを証明するまで、なぞのままだった。

パンのイーストはキノコと親戚関係にある菌類の一種だ。顕微鏡でイースト細胞をのぞくと、風船やフットボールのような形をしているのがわかる。パンをつくるのに利用するイーストはサッカロマイセス・セレヴィシエと呼ばれている。サッカロマイセスとは「砂糖の菌類」を意味する。

成長中のイースト細胞は、パン用の小麦粉のなかにふくまれているような糖とでんぷんを利用する。糖とでんぷんを食べたイースト細胞は二酸化炭素ガ

もっと クリエイティブに

砂糖と水をくわえる前にイーストを油でコーティングしてみよう。袋にフルーツジュースを足したらなにが起きるかな？ イーストをくわえたすぐあとに袋を冷蔵庫に入れたらどうなるだろう？

スを発生させ、このガスがビニール袋をふくらませるのだ。

パン生地のなかでは、イーストが発生させた二炭化酸素が小さな泡をつくってパンをふくらませる。この泡はパン生地を焼いているときにはじけて、パンにおなじみの小さな穴を残す。お店で買ってくるイーストは生きているけれど、乾燥しているので水をくわえるまで成長はしない。

34 手洗いの効果を確かめる実験

材料

◎実験32の手づくりのシャーレ 5枚（手順③までを行って増殖培地をつくったもの）
◎ペンとラベル
◎清潔なタオル
◎固形石けん、またはリキッドソープ
◎アルコールの除菌用ローション

安全のための コツとヒント

◎シャーレをつくるときには大人の手伝いが必要。小さな子どもが除菌用ローションを使うときは大人が見守った方がよい。

図2_水だけで手を洗う。

手から病気を引き起こす微生物（病原菌）を取りのぞくいちばん良い方法を発見しよう。

手順

① 5枚のシャーレの底にそれぞれAからFまでラベルをつける。それぞれの内容は以下のとおり。

「A」 右手：洗わない
「B」 右手：水だけ
「C」 右手：石けんと水
「D」 右手：アルコール除菌用ローション
「E」 照合用のシャーレ：ふれていない

シャーレに日付と自分の名前のイニシャルも忘れずに書いておこう（図1）。

② シャーレAのふたをすばやくあけ、指紋をとるみたいに、右手の4本の指先で培養地をそっとさわる。再び、ふたをする。

③ 同じく右手を水で30秒間洗う。ゴシゴシこすったりしないこと。きれいなタオルでふき取ってから、手順②のようにシャーレBにさわる（図2、3、4）。

図1_実験32にあるシャーレをつくって、ラベルをつける。

図3_清潔なタオルで手をぬぐってかわかす。

図4_「水だけ」とラベルに書かれたシャーレをさわる。

④ 同じく右手を石けんと水で2分間こすり洗いする。きれいなタオルでふき取ってからシャーレCにさわる。

⑤ 右手をアルコール除菌用ローションで30秒間ゴシゴシ洗う。シャーレDにさわる。

⑥ シャーレのふたにテープを貼ってじゃまにならない場所に置いておき、数日後にチェックする。まもなくバクテリアや菌類のコロニーが出現しはじめるはずだ。

⑦ それぞれのシャーレのコロニーの数を数える。それぞれ比べてみてどう違うだろう?

おもしろさの 裏にある科学

石けんで手をこすり洗いして、きれいな水でよく洗い流してから、清潔なタオルでぬぐってかわかすことで、指先から病気を引き起こす細菌（病原菌）を劇的に減らすことができる。手を洗うことが、感染病にかかったり広めたりすることを防ぐ最善の方法の1つなのだ。アルコール除菌用ローションも多くの微生物を殺すのに効果的だが、こすり洗いして洗い流すことでしか、殺したり、物理的に取りのぞいたりできない微生物もいる。石けんは手のあぶらを分解してくれるので、細菌がよく除去できる。

自分の手にいるバクテリアや菌類のコロニーを育てるというこの実験は、石けんで洗うことでいかに手がきれいになるかを物語っている。バクテリアのコロニーが透明や白や黄色の小さな点としてシャーレの上にあらわれるだろう。

常在菌と呼ばれる微生物は、いつもわたしたちの皮ふの上にいる。一方、多くの病原菌などは通過菌と呼ばれている。わたしたちはあらゆる場所の表面

もっと クリエイティブに

この実験をしてみて、よく使われている固形石けんとリキッドソープを比べてみよう。どちらの方が手がよりきれいになるかな?

実験32「手づくりの微生物動物園」の実験をして、自分の家のどの場所にいちばんたくさん微生物がかくれているか確かめてみよう。

から通過菌をもらってくる。水飲み場のレバー、階段の手すり、コンピューターのキーボードなどはとくに、こうした細菌がかくれているかっこうの場所だ。手を洗って洗い流すとき、両手をこすりあわせ摩擦するということが、こうした通過菌を取りのぞく重要な要素なのだ。

医師や看護師、食べ物をあつかう人たちは、職場で病気を広めないためにも、手を洗うことについて細心の注意をはらわなければならない。

9

電気のショッキング・サイエンス

するずる足を引きずりながらカーペットの上を歩いたあとにドアノブをさわってビリッときたことはあるかな?

　静電気とは、ある物の表面に正の電荷または負の電荷が蓄積されること。カーペットとドアノブの例では、電荷が蓄積(帯電)している物体はあなたの体だ。カーペットで足を引きずって集めた電荷が、ドアノブにさわった瞬間、手から金属のドアノブに飛び移るから電気ショックを感じるのだ。

　負の電荷をもつ小さな素粒子のことを「電子」という。電子は物から物へ飛び移ることができて、電気と磁気の不思議な世界で重要な役割をはたしている。電子と引き合う相手が、電子よりずっと大きくて重たくて正の電荷をもつ「陽子」と呼ばれる粒子だ。

　陽子と電子は違う電荷をもっているせいで、おたがいに引かれあうけれど、大きく動くのは、より小さくて軽い電子の方のことが多い。

　電子は、同じ負の電荷をもつ他の電子と反発しあうため、おたがいに避けようとする。陽子についても同じことがいえる。

　たとえば、髪の毛を風船でこすったり、くしでとかしたりすると、髪の毛からたくさんの電子がはぎ取られて風船やくしに移動するので、風船やくしは負の電荷をもつことになる。そうすると髪の毛が上に逆立ったままになることがある。これは、正の電荷を帯びたすべての毛の束が物理的に反発しあうからだ。

　このユニットでは、ひとつの物体から別の物体へ移動する電子を目で見える形にする楽しい方法や、静電気によるショックも試してみよう。

35 静電気でおどるアルミホイル

図4_くぎに貼りつけたホイルに気をつけながら、ダンボールのふたをビンの上にもどす。

材料

◎ ガラスビン
◎ ダンボール
◎ うすいアルミホイル、またはマイラー（風船やキャンディーの包みに利用されている、ぴかぴかした素材）
◎ くぎ
◎ 風船、またはプラスチックのくし

安全のための コツとヒント

◎ 小さな子どもがボール紙にくぎをさすときには、大人が助けてあげた方がよい。

静電気を利用して、容器のなかのホイルの切れはしを魔法みたいに動かしてみよう。

手順

① ビンの口にかぶさる大きさになるようダンボールを切って、ビンの上にふたをする。

② ダンボールの上からくぎを突きさす。くぎをさしたままダンボールのふたをビンから取る（図1、2）。

図1_ダンボールのふたにくぎをさす。

図2_ビンの下に十分に突き出す長さのくぎを使う。

図3_ホイルの切れはし2枚をくぎの先端に、平らに重なるようにテープで貼る。

③ ホイルまたはマイラーを切って、長さ5cm幅6mmの細長い切れはしを2本つくる。2枚を重ねておく。

④ ホイルの切れはしを2枚重ねあわせたまま、くぎのとがった先端にテープで貼ってから、ダンボールのふたをビンの上にもどし、ホイルの切れはしがおたがいにちょっとふれあうくらいにしてたらす（図3、4）。

図5_風船かくしで、髪の毛をこすって帯電させる。

⑤ 風船やくしで髪の毛をこすって帯電させる（図5）。帯電した風船やくしをくぎの頭に近づける。さわらなくても大丈夫。

⑥ 負に帯電した風船やくしをくぎに近づけていくと、ホイルの切れはしどうしがはなれていくはずだ（図6）。

図6_帯電した風船かくしをくぎの頭に近づけて、ホイルが動くのを観察する。

おもしろさの 裏にある科学

　負に帯電した風船とくしは、電子を飛びまわらせるためのすばらしい道具だ。
　この実験では、あなたの髪の毛から負の電荷をもつ電子たちが風船やくしに飛び移り、そこからくぎに、そして最後にホイルの切れはしへと飛び移っていく。風船にもとからあった負の電子もくわわって、ホイルへはさらにたくさんの電子が押しこまれ、ホイルの切れはしは両方とも強い負の電荷を帯びることになる。同じ電荷をもつ物どうしは反発しあうので、ホイルの切れはしはおたがいに遠ざかるのだ。

もっと クリエイティブに

　ホイルの切れはしを2枚以上使ったらどうなるだろう？ たくさん足があるホイルの「イカ」をつくって、なにが起きるか確かめてみよう。
　ホイルの切れはしを「おどらせる」ことができる、帯電した物体は他にあるかな？

36 ビリビリする電気盆と ライデンびん

材料

◎アルミのパイ皿　◎テープ
◎発泡スチロールのコップ
◎発泡スチロールの皿
◎発泡スチロールの皿よりわずか
　に大きいサイズの四角いダンボ
　ール
◎アルミホイル
◎古いミトンや毛糸のぼうしなど
　のウール製品
◎プラスチックのフィルムケース
　や、空のスパイス容器などの小
　さな容器*
◎ダクトテープ**
◎容器の高さよりも長い金属製の
　くぎ
◎水

*訳注：ふたが閉まるプラスチック
　のケースであればどんなものでも
　よい。
**訳注：粘着力のとても強いテープ。
　ホームセンターなどで手に入る。

安全のための コツとヒント

◎小さな子どもが容器のふたにく
　ぎをさすときは、大人が手伝っ
　た方がよい。
◎電気盆とライデンびんができあ
　がったら、指示どおりの手順を
　ふむことが大切。そうでないと
　実験がうまくいかない。

［注］静電気が手に走る実験で
すので、取り扱いには十分注意
してください。

図6_電気ショックを起こすには、ライデンびんのホイルを親指でさわりながら、同じ手の別の指をくぎに近づける。

ビリビリとショッキングな結末が待っている 静電気の実験をしてみよう。

手順

① 発泡スチロールのコップをパイ皿のなかにテープで貼りつける。

② ダンボールの片面をホイルでおおって裏側でテープでとめておく。発泡スチロールの皿を逆さにしてホイルの上にテープで貼る。

③ 小さな容器の3/4まで水を入れる。容器にふたをするか、ふたがなければダクトテープでふさぐ。容器の底から2/3の高さまでホイルを巻いて、ふたまたはダクトテープにくぎをさす。くぎの先が水のなかに入るようにする。必要に応じて、くぎが動かないようにダクトテープでとめる。これでライデンびんのできあがり（図1）。

ここから先のステップは順番どおりにするのを忘れないで！

④ ウール製品で発泡スチロールの皿を1分ほどこする。パイ皿をライデンびんの近くの平らな場所に用意しておく（図2）。

⑤ パイ皿に取りつけたコップをもって、パイ皿をもち上げて発泡スチロールの皿の上にのせる（図3）。

⑥ ダンボールに貼りつけたホイルの上に小指をのせて、そのまま動かさずに同じ手の親指でパイ皿にさわる。パイ皿から手に電子が飛び移るときに、パチッと小さな火花が飛ぶかもしれない。これでパイ皿は正の電荷に帯電した（図4）。

⑦ 発泡スチロールのコップをもって、帯電したパイ皿をもち上げ、ライデンびんのくぎの頭にふれる。電子がくぎからパイ皿へと流れ、くぎとびんのなかは正の電荷に帯電する（図5）。

⑧ 心の準備ができたら、ライデンびんのホイルに親指をあて、別の指をくぎに近づける。電子がライデンびんのホイルから正に帯電したくぎに飛び移って、手にショックが走る（図6）。

図1_ライデンびんに水を入れる。

図2_発泡スチロールの皿をウールでこする。

図3_パイ皿を発泡スチロールの皿の上にのせる。

図4_小指をホイルにのせて、親指でパイ皿をさわる。

図5_パイ皿でライデンびんのくぎにふれる。

おもしろさの裏にある科学

電気盆は静電気をためるために使われる単純な装置だ。

手順④で、発泡スチロールの皿をウールでこすると、発泡スチロールがウールから電子を引きよせて負の電荷を帯びる。手順⑤で帯電した発泡スチロールの皿にパイ皿をふれさせると、パイ皿の電子は発泡スチロールの皿の負の電荷と反発するけれど、どこにも行き場がない。手順⑥では手でホイルにさわったあとパイ皿をさわることで、指が橋の役割をして、反発した電子がパイ皿から手に飛び移り、パイ皿には正の電荷だけ残る。

ライデンびんは内側と外側の2つの電極のあいだで静電気をためる。小さな容器でつくったライデンび

もっとクリエイティブに

手順⑧を暗やみで試すと、電子が空中を移動して指に飛び移る瞬間に放つ火花が見えるかもしれない。

んは、内側の水がひとつの電極で、外側のホイルがもうひとつの電極になるのだ。手順⑦で正に帯電したパイ皿をライデンびんのくぎの頭にふれさせると、電子が水とくぎからパイ皿へと流れ、くぎとびんのなかの水には正の電荷だけ残される。

実験の最後の手順⑧では、ライデンびんのホイルにふれながら、他の指を正に帯電したくぎに近づけることで、ホイルからくぎへと電子の流れが起きて、手がビリッとするのだ。

37 水を曲げてみる実験

材料

◎ ゴム製の風船
◎ ピン
◎ プラスチックのくし

安全のための コツとヒント

◎ 小さな子どもと行う場合、ピンで風船に穴をあけるときは大人が手伝った方がよい。これは屋外やシンク、バスタブでするのに適した実験だ。破れつさせずに風船に穴をあけるのは1回ではうまくいかないかもしれない。

◎ この実験は湿度が低い方がうまくいく。くしや風船を帯電させづらかったら、ウールのくつ下やぼうしでこすってみよう。

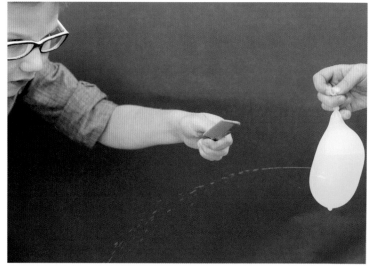

図2_水の流れにくしを近づける。

静電気を利用して
水の流れを曲げてみよう。

手順

① 風船に半分くらいまで水を入れる。水を入れすぎないように。

② 風船の口をしばって閉じる。

③ 風船の横にピンで小さな穴をあけて、しばった口をもったときに細い水の流れが出てくるようにする。

④ くしで髪の毛を何度もとかして帯電させる。髪の毛はよくかわかしておくこと。

図1_風船の口をつまんでもち、外に細い水の流れが出てくるようにする。

図3_帯電した風船は水を曲げられるかな?

⑤ 風船から流れ出てくる水の流れのそばに、くしを近づける。水の流れはくしの方へ移動する? それともはなれていく? 水を重力にさからわせて、流れをくしの方へ上向きにできるかな?(図2)

⑥ 空気でふくらませて髪の毛にこすりつけた風船を使って手順⑤を試してみよう。空気を入れないときと水の流れ方は同じかな?(図3)

おもしろさの 裏にある科学

かわいた髪の毛をくしや風船でこすると、電子が髪の毛からくしや風船に飛び移って、プラスチックやゴムを負に帯電させる。電子が減った髪の毛の束は正の電荷に帯電するので、おたがいにできるかぎりはなれようとする。そのせいで髪の毛が立ってしまうのだ。

水の分子は、正の電荷をもつ水素原子2つと、負の電荷をもつ酸素原子1つからできている。水はふつうは正の電荷も負の電荷ももっていないけれど、すごく細い水の流れのそばに負に帯電したくしを近づけると、水のなかの水素原子が、くしの上の電子に近づこうとして列になる。これを分極という。

水の流れが分極すると、引きつけあう反対の電荷たちの力で水はくしの方へと移動する。

もっと クリエイティブに

この実験を蛇口から出る水で試してみよう。水の流れの量によって、実験がうまくいったりいかなかったりするだろうか? 水の流れとくしの距離は、くしが水に引きよせられる度合いに影響するだろうか?

10

すばらしい植物学

植物がいなかったら、わたしたちはここに存在しない。

　ジョゼフ・プリーストリーはアマチュア科学者として台所のシンクで実験をはじめ、ついには有名な科学者になった人物で、1774年に酸素を分離したはじめての人物として高い評価をえている。彼は密閉した容器のなかでの実験で、動物が生きのびるために必要ななにか（酸素）を火が燃やしてしまうこと、そして植物がこの不可思議な成分をもとにもどしてくれることに気づいた。この研究からヒントをえて、彼は生態系に関する科学や、人々が呼吸する酸素が植物に依存していることなどについて仮説を立てる、自然哲学者のさきがけの1人となった。

　現代の科学では、植物は化学的な再生をおこなうすばらしい存在であることが示されている。植物は太陽のエネルギーと、光合成と呼ばれる作用を利用して、水と二酸化炭素を糖（ブドウ糖）と酸素に変える。植物や藻などの独立栄養生物のおかげで、地球には酸素をふくんだ大気があって、生命を保てるのだ。

　なん粒かの豆、ビニール袋、食用着色料、それとキャベツを使って、植物がタネから発芽して育ち、水を吸い上げ、水分を大気中にもどす様子を観察してみよう。

38 窓辺で育てるスプラウト

材料

◎ペーパータオル
◎はさみ
◎ジッパーつきの小さな袋
◎水
◎火を通していない乾燥（かんそう）した豆や
　タネ

安全のための
コツとヒント

◎乾燥した豆は小さな子どものの
　どや鼻をつまらせる危険がある。
◎この実験はあまり古すぎず、放
　射線を照射されていない豆がい
　ちばんうまくいく。発芽するのを
　さらに早めるために、実験をす
　る前にひと晩豆を水につけてお
　いてもよい。
◎この実験をするには、日当たり
　がよい窓を選ぶ。ただし、強い
　日差しに１日中さらされる場所
　はさけること。

ビニール袋に豆をまいて、
根が張って葉っぱが出てくる様子を
自分の目で見てみよう。

手順

① ペーパータオルを半分に切って、ビニール袋のなかにおさまるように、
　何回か折りたたむ。

② ペーパータオルを水にひたしてから、よぶんな水気をしぼり、ビニール
　袋のなかに入れる。ほぼ平らになるように全体をならす（図1）。

③ 袋のなかのペーパーの上（同じ側）、下から3cmほどの場所に2つか3
　つ、豆またはタネを植える。豆やタネが同じ場所にとどまらずにズレて
　しまっても大丈夫。必要なら袋の底にペーパータオルの小さな切れはしをつ
　めて、豆やタネが水につからないようにする（図2）。

図1_ペーパータオルを水にひたす。

図2_ビニール袋のなかに豆を2、3粒植える。

図3_豆がこちら側を向くにようにして袋を窓に貼る。

④ 袋のジップを閉じる。このとき、植物が空気を吸うことができる程度に一部をあけておく。

⑤ 成長を観察することができるように、豆やタネがこちら側をむいた状態で袋を窓に貼りつける（図3、4）。

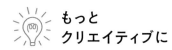

図4_豆はすぐに発芽して成長しはじめる。

||||　おもしろさの 裏にある科学

　乾燥した豆などのタネは、休眠中の植物の赤ちゃんをふくんでいる。休眠中という言葉どおり、タネたちは「ねむっている」のだ。このちっちゃな植物たちの「目を覚まさせて」、タネから姿をあらわさせるためには、ある特定の合図（シグナル）が必要だ。胚芽植物がタネから芽を出して葉を形づくるプロセスを、発芽と呼ぶ。

　植物が発芽するのに必要な環境シグナルは、適切な光と空気と水などだ。発芽には温度も関係している。

　植物がはじめに芽を出すとき、必要な栄養はタネの中からとる。この実験では、植物が育つにつれてタネがしぼんでいく様子を見ることができる。植物が十分に成長すると、必要なエネルギーはもっぱら根と葉で集めるようになる。

　窓に貼ったスプラウト（芽）が、一定の大きさまで成長して、タネの栄養をすっかり使い果たしてしまったら、生かすためには栄養が豊富な土に植え替えなければいけない。

もっと クリエイティブに

　毎日、測定して絵を描くことで、豆の発芽を記録しよう。取るデータは科学ノートに記録しておく。同じ実験を、袋の1つは窓に貼って、もう1つの袋は暗いクロゼットのなかに置いてみたら、どうなるかな？

39 木から水を集める実験

材料

◎ 毒性がない、葉が生いしげった
低木
◎ 透明な大きいビニール袋
◎ 小石
◎ ビニタイ*、またはひも
◎ はさみ
◎ 透明なビン

* 訳注：お菓子の袋などをねじって
留める、短いワイヤー状のもの。

安全のための
コツとヒント

◎ ビニール袋はかぶってちっ息す
る危険があるので、小さな子ども
があつかうときには見守ること。
◎ この実験で集めた水は飲まない
こと。
◎ この実験は、よく晴れた暑い日
がいちばんうまくいく。実験で葉
っぱを傷つけることもあるので、
大切にしている木ではしないよ
うに。

よく晴れた暑い日に
「あせをかいている」木から水をどれくらい
集めることができるかトライしてみよう。

手順

① よく晴れた日に、ビニール袋をもって外に出て、葉が生いしげった木の
枝に、できるだけたくさん葉っぱが入るようしてかぶせる（図1）。

② 小さな石ころをビニール袋のはしに入れて重しにする。

図1_葉っぱたちのまわりにビニール袋をくくりつける。

図2_袋から水を集める。

図3_どれくらい水が集まったかな?

③ ビニタイやひもで袋をしっかりと枝に結びつける。

④ 24時間後に、木が放出した水分でつくられた水を集める。袋のいちばん下のはしを切って、透明なビンに水を移す(図2、3)。

おもしろさの 裏にある科学

植物は人間みたいにあせはかかないけれど、気温や湿度や日差しの具合によって、水を発散する。

すべての植物は、水を根から吸い上げて、気孔と呼ばれる葉の裏側にある小さな穴へ運ぶ。気孔は空気中へ水を放出する。これを蒸散と呼ぶ。蒸散は植物を冷やすのを助けるだけでなく、大切な栄養素を根から葉へ運ぶ役割もはたしている。植物は乾燥した暑い日にもっとも水を蒸散し、たくさんの水を飲んだ(吸い上げた)木々ほどたくさん水を放出する。米国地質調査所によると、大きなカシの木1本で、1年間に151,416リットルの水を蒸散するという。

水分を蒸散しているトウモロコシ畑は、よく晴れた暑い日に空気中に大量の水を放出するせいで、トウモロコシ周辺の露点(水蒸気が凝結してあらわになる温度)が高めになる可能性がある。広大なトウモロコシ畑になると、条件しだいでは雷雨を引き起こすくらい

もっと クリエイティブに

同じ日でも、木の種類が違ったら、つくり出す水の量は違うかな? 常緑樹は蒸散するだろうか? サボテンはどうだろう? 透明なビニール袋の代わりに黒や白の袋でこの実験をしたらどうなるだろう?

大気中の水について、さらに学ぶために、実験46「温室効果のシミュレーション」や実験47「露点温度を調べる実験」を試してみよう。

の水を空気中に供給していると考える科学者もいる。

ふつうは、植物がつくり出した水は蒸発することで植物自身を冷やすけれど、この実験ではビニール袋のなかに水を閉じこめて凝結させてしまう。温室効果によって袋のなかがとても暑くなってしまうことは、想像がつくだろう。そのせいで、この実験では葉っぱを傷つける恐れがあるのだ。

40 葉っぱと野菜のクロマトグラフィー*

材料

◎ えんぴつ

◎ ガラスビンやコップ

◎ 白いコーヒー用フィルター（またはペーパータオル）

◎ はさみ

◎ 緑黄色野菜の葉（ほうれん草など）、秋なら紅葉した木の赤やオレンジの葉

◎ 直径18mmほどの小さなコイン

◎ エチルアルコールまたは消毒用アルコール

安全のためのコツとヒント

◎ 消毒用アルコールは体にとり入れると毒物になるので、この実験中は小さな子どもをよく見守ること。

◎ コーヒー用フィルターの方がペーパータオルよりもうまくいくことが多い。

図2_コインを使って葉っぱの色を紙切れにこすりつける。

コーヒー用フィルターを使って、植物の色素を分離してみよう。

手順

① えんぴつをビンかコップのふちの上にわたす。

② コーヒー用フィルターかペーパータオルを切って、3cmくらいの幅の細長い紙切れを何枚かつくる。紙切れの長さは、2つ折りにしてえんぴつの上からたらしたとき、両端が容器の底からほんの少し上にたれるくらいの長さにしておく。

③ 紙切れの両端から2cmくらいの場所にえんぴつで水平に線を引いておく。

* 訳注：クロマトグラフィーとは、化学的、物理的な性質や相互作用を利用して 物質を分離させる方法の総称。

図1_葉っぱをつんだり、冷蔵庫から葉物野菜をさがしてくる。

図3_紙切れを、はしにひいた線の下でアルコールにふれるようにして、えんぴつからたらす。

図4_科学ノートに紙切れを貼っておく。

④ 木の葉を数枚、または冷蔵庫からレタス、ほうれん草、グリーンオニオンなどをさがしてくる。葉っぱをコインでこするようにして、紙切れの左端に引いたえんぴつの線の上に押し当てて、前後にこすって線に葉の色をつける（図1、2）。

⑤ 他にも葉っぱがあったら、紙切れのもう一方のはしの線に、同じようにして色をつける。両端とも、できるだけ濃く色をつけるようにする。自然乾燥またはドライヤーで乾燥させる。

⑥ ビンに、紙切れをたらしたときに両端がつくけれど色をつけた線までは届かないくらいの深さまで、アルコールをそそぐ。紙切れをえんぴつにぶらさげて、両端をアルコールにふれさせる。このとき、紙を均等にたらして、色が垂直に上に移動してくるようにする（図3）。

⑦ 色が紙切れをつたってのぼってくる様子を見守り、てっぺんに届く前に紙をアルコールから取り出す。そのまま乾燥させて、分離した色を観察する。その紙切れを科学ノートに貼っておくとよい（図4）。

おもしろさの 裏にある科学

　液体クロマトグラフィーという手法では、紙を媒体として分子を横断させることで、植物に色をあたえている分子である色素を分離することができる。この実験では、アルコールはさまざまな色素を分離して、その大きさによって別々の速度で紙をつたわらせて上へ運んでいく溶媒の役割をしている。

　緑の葉には、クロロフィル（葉緑素）と呼ばれる色素がふくまれていて、植物が太陽の光と水と二酸化炭素からエネルギーをもらう、光合成という化学的プロセスを助けている。秋になると、多くの木々はクロロフィルをつくるのをやめてしまうため、葉っぱが赤や黄色やオレンジといった、緑以外に色づくのを目にするようになる。

もっと クリエイティブに

　この実験を、ニンジンやクランベリー、赤トウガラシといったカラフルなフルーツや野菜を使ってやってみよう。そのとき、フルーツや野菜はするどいナイフで切って、その切り口をコーヒー用フィルターの紙切れの線にこすりつける。

　加熱すると、食べ物の色素は変わるだろうか？ 火を通したほうれん草と生のほうれん草でこの実験をして、比べてみよう。

111

41 自然のなかを お散歩してつくるブレスレット

材料

◎ダクトテープ *

* 訳注：粘着力のとても強いテープ。
ホームセンターなどで手に入る。

安全のための コツとヒント

◎散歩に出発する前に、有毒でか
ぶれるウルシ類の木についてみ
んなに周知しておく。子どもた
ちには、正体不明のベリー類を
絶対に食べないように言い聞か
せておくこと。

図3_ブレスレットを芸術作品にしてみよう。

**自分のうでのまわりに、
自然の美しさをモザイクのように集めてみよう。**

図1_くっつく面を外側にしてダクトテープを手首に巻く。

図2_見つけた宝物をブレスレットにくっつける。

手順

① くっつく面を外側にしてダクトテープを手首のまわりに巻く（図1）。

② 外を散歩しながら、ダクトテープのブレスレットをかざるための小さな葉っぱやどんぐりや花、その他の自然の芸術品をさがす（図2、3）。

③ 歩きながら鳥や昆虫（こんちゅう）、その他の自然の生き物をさがしてみよう。違う種類の木がどれだけあるか数えてみよう。

おもしろさの裏にある科学

子どもたちが電子スクリーンの前で過ごす時間がどんどん増え、屋外で過ごす時間がますます減っているという研究結果が出ている。手つかずの自然だろうと、公園や裏庭だろうと、家から外へ出て自然のなかで過ごすことは、子どもたちの心と体を育てるための最良の方法のひとつだ。

もっとクリエイティブに

お散歩に紙袋をもっていって、ブレスレットにするには大きすぎる葉っぱを集めよう。

お散歩しながら見たり聞いたりしたことを自然観察日記や科学ノートに記録しておこう。

家にもどったら、見つけた植物や目にした鳥たちの種類を調べてみよう。

42 野菜の吸血鬼をつくろう

<small>きゅう けつ き</small>

材料

◎ 半分に切った白菜の底が入るくらい大きなコップ、またはプラスチック容器やガラスビン 2個
◎ 温水
◎ 食用着色料
◎ 白菜 1個
◎ するどいナイフ
◎ デコレーション用のフルーツや野菜(オリーブや粒コショウなど)
◎ 輪ゴムまたはひも
◎ つまようじ

安全のための コツとヒント

◎「吸血鬼たち」は24時間から48時間は「血」を吸うことになるので、前もって計画を立てておくこと。
◎ 小さな子どもが白菜を切るときは大人が手を貸す。

<small>きゅうけつき</small>

図5_ 白菜「吸血鬼」が容器から水を吸って色が変わるのを観察しよう。

にせものの血を飲む不気味な白菜をつくって、毛細管現象を観察してみよう。

手順

① 容器やビンの2/3の深さまで温かいお湯(熱湯はダメ)を入れる。1つの容器に青い食用着色料を2、3滴たらし、もう1つの容器に赤い食用着色料を10滴ほどたらす(図1)。

② するどいナイフで白菜を下からたてに切る。このとき、白菜の上を10cmほど切らずにおいて、頭がくっついた状態にしておく。大きな葉の1枚に、まんなかへんから切れ目を入れておくと、実験中に1枚の葉が2色に変化するのを観察できる。

図1_それぞれの容器の水を別々の色にする。

図2_白菜の下の方を輪ゴムかひもでとめる。

図3_切り分けた白菜の底それぞれが別々の色水につかるように、2つの容器にひたす。

③ 切り分けた白菜の根元付近をそれぞれ輪ゴムかひもでとめて、白菜の底を下から2cmくらいの場所でカットする（図2）。

④ 2個のコップを横に並べて、2つに割れた白菜の底の一方を赤い水、もう一方を青い水にひたす（図3）。

⑤ 白菜「吸血鬼」にオリーブや粒コショウなどで、不気味な目やまゆげをつくってデコレーションする（図4）。

⑥ 1時間ごとに、白菜がどれくらい色を吸っているかチェックする（図5）。

図4_白菜「吸血鬼」に目をつける。

おもしろさの裏にある科学

吸血鬼といっしょで、植物は流動食を好む。植物は水に溶けた栄養素をくきや幹や枝や葉っぱに取りこんで、生きのびているのだ。

植物のなかで水を上へと移動させるための主な力となっているのが、毛細管現象だ。細い管のなかで、管の壁面は水を引きよせる。壁面と水が引きよせあうのと同時に、水の分子どうしが引きよせあう現象があわさって、水が上へと引っぱり上げられる。植物は大量のチューブ形の細胞でできているため、こうした物理的な力をうまく利用できるのだ。

この実験では、毛細管現象によって白菜が色水を吸い上げる様子を観察できる。

大きなスギの木がてっぺんの葉っぱまで、どれだけ高くまで水を吸い上げるか想像してみよう。背が高い木々では、蒸散と呼ばれるプロセスによって水が重力の力にさからうのを助けている。

💡 もっとクリエイティブに

この実験で氷水を使ったらどうなるだろう？砂糖や塩を足したら結果が違うだろうか？何色も色を混ぜたら、白菜は全部の色を同じ割合で吸い上げるだろうか？

実験39「木から水を集める実験」をやって、植物の蒸散についてもっと学んでみよう。

11

太陽の日差しの科学

有名な科学者ガリレオが望遠鏡を太陽に向けて太陽の黒点を見つけるまで、人間は太陽を、究極の完成品のシンボル、天国にかがやく完ぺきな黄金の円盤だと考えていた。ガリレオは黒点が変化して移動する様子を記録し、そのデータを使って巨大な太陽の自転を説明した。

　太陽黒点は、太陽の表面で黒い点としてあらわれる、明るさが減少している場所だ。太陽黒点は磁気の活動によって引き起こされ、太陽フレアやコロナガスの噴出といったその他の太陽の現象とも関係している。実験48でつくれる双眼鏡を利用した太陽ビューアーで、太陽黒点を見ることができる。

　太陽は太陽熱を放射することで、ぼう大な量のエネルギーをつくり出し、それで地球を温めている。太陽のエネルギーと、そのエネルギーをたくわえる、地球を包みこんでいる温室効果ガスがなかったら、地球上には生命は存在していないだろう。でも、吸収するエネルギーと放出するエネルギーは微妙なバランスで成りたっている。産業革命が起こってから、そのバランスを保って地球が自分で自分を冷やすことが、どんどん難しくなってきている。

　このユニットでは、太陽について、また、水からマシュマロまであらゆる物を温める太陽エネルギーの力を研究してみよう。

43 夕日をつくる実験

材料

◎ 立方体、または直方体の透明な
　容器
◎ 水
◎ 光線を集中できる小さなフラッ
　シュライト
◎ 白い紙
◎ 牛乳

安全のための
コツとヒント

◎ 水が入った容器のまわりでは、つ
　ねに小さい子どもを見守ること。

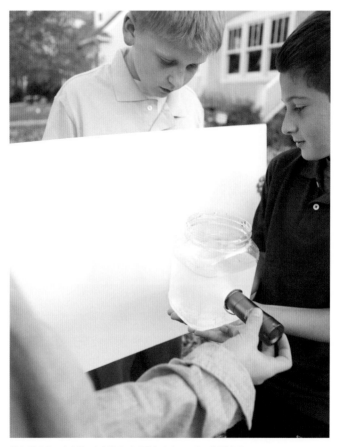

図4_乳白色の水を通った光線は、より黄色やオレンジっぽく見える。

水と牛乳とフラッシュライトを使って、
どうして夕日が赤く見えるのか調べてみよう。

手順

① 粒子がどのように散乱するか確かめるため、プラスチック容器に水を
満たす。

図1_水が入った透明な容器にフラッシュライトを当てる。

図2_水に牛乳を数滴たらす。

図3_くもった水に光を当てる。

② 容器のいちばん厚みがある方向から、反対側にかかげた白い紙（容器から数cmはなしておく）に向かってフラッシュライトで照らす。紙に映った光は白く見えるはずだ（図1）。

③ 水に牛乳を数滴(てき)たらして、また同じようにフラッシュライトで照らす。白い紙に映った光の色は変わるだろうか？（図2、3、4）

おもしろさの裏にある科学

わたしたちが見ている色は、物が反射して吸収する光の波によって変わる。わたしたちのもとに届く太陽光には、にじのすべての色がふくまれている。草が緑色に見えるのは、草が緑以外の可視光線の波を吸収し、緑色をわたしたちの目に反射させるからだ。黒く見える物体は、色がついた光の波すべてを吸収している。青い光の波長は短いため、散乱と呼ばれる現象によってまわりの粒子からはね返りやすい。

大気中の空気の分子が波長を散乱させるのだけれど、空が青く見えるのは、わたしたちの頭上を移動している太陽光の青い部分だけが十分に散乱してわたしたちの目に届くからだ。こうした散乱がなければ、空は宇宙空間でのように黒く見えるはずだ。赤い光の波長はもっと長いので、散乱しづらい。

地球の下の層の大気には、科学者がエアロゾルと呼ぶちりや花粉などの、より大きな粒子がふくまれて

もっとクリエイティブに

牛乳をもっと足したらどうなるだろう？ もっと厚みがある容器を使うと、フラッシュライトの光線が紙に届くまで、もっと移動することになるけれど、なにか違いがあらわれるかな？

いる。太陽がしずむにつれて、その光はわたしたちの目に届くまでに、より長い距離を移動しなければならなくなる。そして、光がわたしたちに届くころには、大気中のちりが青い光のほとんどを散乱させてしまい、残った赤や黄色やオレンジの光の波がつくり出す美しい夕日を楽しむことができるのだ。

フラッシュライトが太陽で、乳白色の水は下の層の大気だと考えてみよう。牛乳のなかの分子がフラッシュライトにふくまれる青い光を除去するから、赤い「夕日」をつくり出すことができるのだ。

44 太陽蒸留器でサバイバル！

材料

◎ 大きなボウル

◎ 小さなボウル（大きなボウルの
ふちよりもふちが下にくるような
大きさ）

◎ 水道水 1カップ（235ml）

◎ 塩 大さじ数杯（40g）

◎ 食用着色料

◎ ラップ

◎ ビー玉や小石

安全のための
コツとヒント

◎ この実験は、太陽のエネルギー
を利用して水を浄化するので、
晴れた暑い日がいちばんうまく
いく。

図3_太陽蒸留器を太陽の下において、小さなボウルに浄化された水がしたたるのを待つ。

太陽のエネルギーを利用して
水を浄化してみよう。

手順

① 小さなボウルを大きなボウルのなかに入れる。*

② 水道水に塩と食用着色料を数滴混ぜておく。これが「汚染された」水だ
（図1）。

③ 塩水を大きなボウルにそそぐ。浄化した水は小さなボウルに集めること
になるので、このとき、小さなボウルに塩水が入らないように気をつける。

④ 大きなボウルにラップで軽くふたをする。ラップのまんなかにビー玉、ま
たは小石をのせて、小さなボウルの内側にラップのへこみが届くように
する。ラップを大きなボウルのふちのまわりにできるだけしっかりとめる（図2）。

* 訳注：先に、手順②、③で汚染水を大きなボウルで作ってから、手順①の小さなボウルを入れてもよい。

図1_水に塩や食用着色料をたして「汚染」する。

図2_大きなボウルをラップでおおう。

⑤ ボウルを太陽光が当たる場所において、数時間ごとに観察する。結露（けつろ）が小さなボウルに落ちるように、必要におうじてラップを調整する（図3）。

⑥ 1日か2日分の飲料水になるくらい浄化した水が集まったら、水を飲んでみて、浄化がうまくいったことを確かめてみよう。きれいな水が汚染されてしまわないよう、小さなボウルから外へ水をそそぐ前に、ボウルの底をふくのを忘れないように！

おもしろさの
裏にある科学

太陽の紫外線（しがいせん）はラップを通って色がついた水まで届き、そこで吸収されて熱エネルギーとして再放出される。熱はラップを通りぬけて外へもどれないため、ボウルのなかの空気と水は熱くなる。

太陽蒸留器のなかで、気温が温まっていくことで、表面にある水の分子がボウルのなかの空気中に蒸発するのを加速させ、大きなボウルのなかには塩と食用着色料が残される。ボウルの外側の空気は内側ほど温かくないので、水の分子はラップとぶつかることで、より冷たい表面と出会うことになる。こうして、浄化された水がラップの上に結露したり、水滴をつくったりする。水滴が大きくなると、重力によってラップのいちばん低い場所へと引っぱられていき、そこから小さなボウルのなかへしたたり落ちて、きれいな水が手に入る。

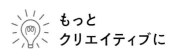
もっと
クリエイティブに

汚染された水にお酢（す）を足して太陽蒸留器で浄化して、はじめの水と浄化した水のpHを、リトマス紙を使って比べてみよう。リトマス紙は実験29「紫キャベツのリトマス紙」でつくってみよう。

45 ピザの箱でつくる太陽のオーブン

材料

◎ピザの箱
◎マーカーかペン
◎定規
◎はさみ
◎アルミホイル
◎テープ
◎黒い画用紙
◎新聞紙
◎透明なラップ
◎箱のふたにつっかえ棒をするための棒
◎オーブンで温めるためのおやつ（チョコレート、マシュマロ、クッキーなど）

安全のためのコツとヒント

◎チョコレートやクッキーといったスナック菓子を温めるためのオーブンなので、生肉など温めるときに傷むような物には使わないこと。
◎この実験は晴れた日にする。
◎小さな子どもが箱を切るときには助けが必要。

図3_これで断熱材と窓と反射板をそなえたオーブンのできあがり。この写真では1カ所あいているけれど、本当はもう1本、新聞紙の断熱材がいる。

ピザの箱でおやつ用のオーブンをつくろう。

手順

① ピザの箱の上に、それぞれのはしから5cmほど残してフレームになるように四角い線を書く。四角い線のうち、本体とつながっているふちの線は残して、あとの3本を切って、ちょうつがい状のふたをつくる（図1）。

② そのふたを、書いた線にそって慎重に上へ折り上げる。このフラップ式のふたの下側（内側）をアルミホイルでおおう。ホイルはふたの上側でテープでとめておく。

③ ピザの箱をあけて、内側の底を黒い画用紙でおおう。

④ 新聞紙を数枚重ねて、きっちり丸める。新聞紙のロールを断熱材として箱の内側のへりにおさめる。新聞紙のロールは厚さ5cmほどにしておく。新聞紙のロールはテープで箱の底にとめておく。このとき、ピザの箱の元のふたがちゃんと閉まるようにすること。

図1_ふたを3カ所切りぬいて、フラップ式ふたをつくる。

図2_ピザの箱のふたにあけた穴の両側にラップをテープで貼る。

図4_太陽の下で、ホイルが箱のなかに光を反射するように、オーブンの位置を調整する。

図5_温まったおやつをいただきまーす!

⑤ ピザの箱のふたに切り出した四角い穴より5cmほどはみ出る大きさに、ラップを2枚切る。そのうちの1枚を、ピザの箱のふたをあけて、四角い穴をおおうように内側にテープで貼る(図2)。

⑥ ふたを閉めて、もう1つのフラップ式ふたをもち上げる。もう1枚のラップを、箱の四角い穴にかぶせてテープで貼る。2枚のラップでできた空間が二重ガラスの窓のように空気の層を集め、箱のなかの熱をにがさない断熱材の役割をはたす。ラップはピンと貼るように(図3)。

⑦ できあがったピザの箱のオーブンを外へもち出して、太陽の方に向けて平らな場所におく。加熱したい食べ物を、箱のなかの黒い紙の上におく。ふたをきっちり閉めて、ホイルが張られたフラップ式ふたをもち上げ、太陽の光が箱のなかの黒い紙と食べ物に当たるようにする(図4)。

⑧ フラップ式ふたは、定規や棒で支えてあけたままにしておく。フラップ式ふたの角度をいじって、内側に貼ったホイルからどのくらいの太陽光を箱のなかの食べ物に直接反射できるか試してみよう。

⑨ ピザの箱のオーブンが温まるのを待つ。太陽熱エネルギーで食べ物がうまく熱されているか、5分ごとにチェックする。食べ物が温まったら、おやつの時間だ!(図5)

おもしろさの裏にある科学

　太陽光線は二重にしたラップの層を通りぬけ、箱の底の黒い紙に吸収されて、熱エネルギーに変換される。この新しい形のエネルギーは、ラップから外へのがれることができない。さらに新聞紙の断熱材があるため、熱エネルギーは箱のなかに閉じこめられることになる。
　フラップ式のふたに貼ったホイルは、箱のなかにさらに多くの紫外線を集め、もっとエネルギーをくわえることになる。太陽光のオーブンを太陽のしたにおいておくと、箱のなかにどんどんエネルギーが入っていき、ほとんどはそこからにげ出せない。その結果、増えていく熱エネルギーが箱のなかの温度をはね上がらせ、おやつを温められるくらいの熱さにしてくれる。

もっとクリエイティブに

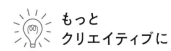

　温度計を使ってオーブンのなかの温度を観察してみよう。晴れた日とくもった日ではオーブンの温度はどれくらい違うかな? オーブンの外の気温はオーブンの温度に影響するだろうか?

温室効果のシミュレーション

材料

◎ふたなしのまったく同じ容器
　4個
◎水
◎氷
◎新聞紙（白黒のもの）
◎白い紙
◎黒い紙
◎大きなジッパーつきビニール袋
　3枚
◎温度計

安全のための
コツとヒント

◎この実験は晴れた日にするの
　が最適。

図3_1つをのぞいて他の3つの容器をジッパーつきビニール袋に入れる。

太陽のエネルギーがビニール袋に
閉じこめられる様子を観察しよう。

手順

① それぞれの容器に水を半分入れる。容器の水の量は全部同じにする
　（図1）。

② 屋外の日当たりがいい場所で、2つの容器を新聞紙の上、もう1つの容
　器は黒い紙の上、最後の1つの容器は白い紙の上におく。

③ それぞれの容器に、氷を5個ずつくわえる（図2）。

図1_4つの容器に半分水を入れる。

図2_それぞれの容器に氷を5個ずつくわえる。

図4_1時間後、それぞれの容器の水の温度を測る。

④ 新聞紙の上にのせた容器のうち1つをのぞいて、他の3つの容器はジッパーつきビニール袋に入れて封をする（図3）。

⑤ 1時間たったら、それぞれの容器のなかの水の温度を測る。ビニール袋のジッパーをして、さらに1時間待ってからもう一度温度を測る（図4）。

おもしろさの裏にある科学

この実験で使う透明なビニール袋は、太陽エネルギーの片道切符のようなものだ。太陽光はビニール袋のなかへ入って空気と水を温めるけれど、熱エネルギーに変わってしまうため、そこからにげられなくなり、袋の内側の空気と水は熱せられる。

地球の大気中にふくまれる、二酸化炭素やメタンなどの、ある種のガスは温室効果ガスと呼ばれ、この実験でのビニール袋と同じ方法で熱を閉じこめてしまう。太陽からの光線は大気中をやすやすと移動できるが、地球の黒い地表に吸収されて熱エネルギーに変わってしまうため、こうしたガスをつきぬけてもどれなくなってしまう。

温室効果ガスは地球をすっぽりおおう毛布のようなもので、地球が冷える夜に地球を温めてくれている。でも残念なことに、この毛布が厚くなりすぎると、地球は温かくなりすぎてしまう。わたしたちの地球の気温を一定に保ってくれるという、重要な役割がある

もっとクリエイティブに

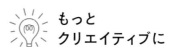

容器の1つをホイルで包んだらどうなるだろう？ この実験に影響をおよぼす他の要素には、どんなものがあるだろう？

この温室効果ガスの量に注意することが重要だ。そして、大気中に温室効果ガスを増やしすぎるような活動は減らすようにしなければならない。

地球の黒い地面と違って、雪や氷は太陽光を反射するため、熱として大気中に閉じこめられる太陽のエネルギーの量と、宇宙空間へ反射してもどっていく量に影響をおよぼす。そのため、科学者は極地の氷冠*の研究に興味をもっている。白い表面と黒い表面の上では、のせた容器の温度に違いが見られただろうか？

* 訳注：山頂部をおおう氷河。氷帽とも。面積が5万平方キロメートル未満のものを指す。

47 露点温度を調べる実験

材料

◎ 空のアルミ缶
◎ 缶切り
◎ 温かい水道水
◎ 温度計
◎ 氷
◎ スプーン

安全のための コツとヒント

◎ アルミ缶は切った面がするどく なる。この実験中は、小さな子ど もを見守ること。
◎ 日によって、缶のなかの結露を 観測するのによけいに氷が必要 になるかもしれない。しんぼう強 く試してみよう。

図3_缶に結露が生じるのを観察してみよう。

アルミ缶と温度計で、 自分だけの測候所をつくってみよう。

手順

① 缶切りでアルミ缶の上を切り取る。

② 缶の半分まで温かい水を入れる（図1）。

③ 温度計を使って温水の温度を測る。

④ 氷を1個くわえて、溶けるまでかき混ぜる。かき混ぜながら、缶の外側のアルミに結露の兆候が見えるか観察する。結露がはじまったのがわかったら、すぐに温度をチェックして記録する。これが露点温度だ（図2）。結露とは小さな水滴のことで、缶の光った表面をくもらせる。はじめは水の高さより下で結露がはじまるのがわかる。水が結露しはじめると、指で結露をぬぐって線を描くことができる（図3）。

⑤ 結露しなかったら、もう1個氷を足して溶けるまでかき混ぜる。缶の様子を観察しつづけよう。

⑥ 結露があらわれるまで、一度に1個ずつ氷を足して溶けるまで混ぜるのをくりかえす。露点温度を記録しよう（図4）。

⑦ 屋外へ出て気温を測る。露点温度とどれくらい違うだろう？ 湿った感じがするかな？

図1_缶の半分くらいまで温かいお湯を入れる。

図2_缶に一度に1個ずつ氷を入れて、溶けるまでかき混ぜる。

図4_結露したら露点温度を記録しよう。

 ## おもしろさの 裏にある科学

露点温度は、空気中に蒸発した水が、蒸発するとともに液体の水に凝結（ぎょうけつ）する温度で、これによって空気中にどれだけの水分が存在しているかがわかる。

アルミ缶の水の温度が空気の露点温度まで下がると、ピカピカ光った金属の上に結露が生じて、平衡（へいこう）状態に達したことがわかる。

気温が露点温度と同じくらいの朝には、空気中の水の蒸気が草などの固体の表面に結露するのだ。

 ## もっと クリエイティブに

何日間もこの実験をつづけたらなにが起きるだろう？ 露点温度は一定しているだろうか？ 露点温度と外気の温度との関係は、空気が湿った感じがすることにどれくらい影響をあたえているだろう？

太陽を安全に観察してみよう

材料

◎ふたを取りのぞけるくつの箱
　（シューズボックス）
◎白い紙
◎テープ
◎はさみ
◎アルミホイル
◎まっすぐなピン（針）

安全のための
コツとヒント

◎絶対に直接太陽を見たり、箱に
　あけたピンホールから太陽をの
　ぞかないように。一生、視力を損
　なってしまう危険がある。
◎小さな子どもがピンをあつかう
　ときは見守ること。

図2＿白い紙と反対側の面に、大きな切りこみを入れる。

くつの箱と紙で、安全に太陽を観測しよう。

手順

①　くつ箱の一方のはしの面を白い紙でおおう。これが観察面になる（図1）。

②　くつ箱の反対側の面に四角い切りこみを入れて、そこをホイルでおおう
　　（図2）。

③　ホイルのまんなかに、ピンで穴をあける。ピンのサイズよりわずかに大
　　きな穴にする。失敗してしまったら、ホイルを張りなおしてやりなおそう。
　　穴が小さいほど、ピントがしっかりしぼられる（図3）。

図1_くつ箱の一方のはしの面を白い紙でおおう。

図3_切りこみをホイルでおおい、まんなかにピンで穴をあける。

図4_太陽を背にして立つ。

④ 屋外へ出て太陽を背にして立つ（図4）。

⑤ 箱を上下逆さまにして、ピンであけた穴が背後の太陽に向くようにしてもつ。ホイル面が目よりも太陽から遠くなるようにして、太陽が目に反射しないようにする。太陽の光がピンホールから入って、白い紙の上に小さな円として画像を結ぶように、箱の角度を修正する（図5）。

図5_太陽の画像は、小さな白い円となって白い紙に写る。

🎚 おもしろさの 裏にある科学

太陽からの光線が、絞り（開口部）と呼ばれる小さなピンホールに入ると、ホイルの向こうの白い紙の上に、太陽の姿が上下逆になって写る。画像が上下逆さまになるのは、光線がピンホールに入るときの角度のせいで、それがそのまま紙の上で再現される。こうすれば、太陽を直接見ずに太陽を見ることができるというわけだ。

💡 もっと クリエイティブに

双眼鏡とカメラの三脚で太陽ビューアーをつくれば、黒点も見ることができる大きさの太陽の画像を、白い紙に投射できる。絶対に双眼鏡で太陽を直接見ないこと！

双眼鏡をダクトテープで三脚にとめて、接眼レンズが太陽の反対を向いて大きい方のレンズが太陽を向くようにする。接眼レンズの前に紙をかかげ、双眼鏡の角度を調整して太陽の姿を写す（レンズが2つあるので2個写る）。さらに角度を調整して、片方の太陽の像が双眼鏡の影に入るようにする。こうすると見やすくなる。双眼鏡から紙をはなしてもつほど、大きな画像があらわれる。

双眼鏡を三脚に取りつける。

太陽の画像が2つの円としてあらわれる。

「ロケットの科学」というと、たいていは航空宇宙工学のことをさす。わたしたちは衛星から望遠鏡、宇宙飛行士まで、すべてのものを宇宙へ届けるためにロケットにたよっている。ロケットは機械にすぎないけれど、地上を走るどんなスポーツカーよりも、わたしたちの想像力をかきたてる。

1969年、月に人類を運んだことで、ロケットがはたせる可能性についての見方が変わった。1981年から2011年まで、NASAのスペースシャトル計画によって、国際宇宙ステーションの建設と維持ができるようになった。このステーションは、現在でも宇宙飛行士たちが宇宙やわたしたちの惑星、地球について研究するために利用されている。1977年に打ち上げられたNASAの無人宇宙探査機「ボイジャー1号」は、わたしたちの太陽系の外に出ていくという前例のない任務へと送り出されている。この先の宇宙探査にどんな未来が待ち受けているのか、まだだれも知る者はない。

ロケットを設計するとき、航空宇宙技術者たちは建設資材から本体の形、燃料の配合にいたるまで、すべてを考えに入れなければならない。宇宙船を軌道にのせることは複雑な作業だが、つきつめると物理学のいちばん基本的な法則にのっとっている。

すべてのロケットには3つの重要な物理的な力が働いている。ロケットをもち上げる力となる推進力。ロケットにさからう力である抵抗。この抵抗力は地球の大気による空気抵抗によって起こる。そして3番目に重要な力が重さだ。重さはロケットの質量を引きずり下ろそうとする重力によって生じる。数学と科学の知識が豊富な技術者たちは、抵抗力や重さを最小限にとどめて、本体の推進力を最大にする方法をはじき出すことができる。

このユニットでは、単純なロケットや空気力学を利用した息で飛ばすミサイルをつくって、こうしたロケット科学で使われる物理学の法則を体験してみよう。最後に電磁放射線に関連した実験を入れてある。電磁放射線は、宇宙について研究している多くの科学者がとても興味をもっている。実験ではマイクロ波を使う。マイクロ波は光と同じ速さで移動する。

飛ぶまでドキドキ！ 炭酸ガスのロケット

材料

◎パチンとはめるふたがついたフィルム容器*（フィルムの現像をするお店に行けば、いらなくなったフィルム容器をくれる。または購入可能なウェブサイトを調べる）

◎画用紙　◎はさみ
◎定規　◎紙
◎テープ　◎ガラスコップ
◎えんぴつ
◎装飾用のマーカーやステッカー
◎チューインガム
◎アルカセルツァー**など発泡性制酸錠
◎水

*訳注：フイルムケースが入手しにくい場合は、同じような密閉性の容器を探して利用してもよい。
**訳注：炭酸ガスの出る入浴剤、食用の炭酸発泡タブレットでも代用できる。

安全のためのコツとヒント

◎発泡性の錠剤を小さな子どもがあつかうときは見守ること。
◎容器にふたをするときに助けがいる子どももいる。実験をはじめる前に何回か練習させておくとよい。
◎ロケットを発射させるときには、安全めがねやサングラスのような目を保護する物を着用すること。

図6_ロケットをひっくり返し、平らな場所にセットして打ち上げる。

単純な化学反応を利用して手づくりのロケットを打ち上げよう。

手順

① 紙を15cm×10cmの長方形に切って、フィルム容器に長い方をたてにしてテープでとめる。このとき、容器の開いた口より紙のはしが少し上にくるようにする。そのままくるくる巻いて長いチューブ（つつ）をつくって、テープでしっかりとめる（図1）。

② コップを画用紙のうえにおいてまわりをえんぴつでなぞって円を切りぬく。円の1/4を切り取り、そのまま丸めて、チューブにはまる大きさのノーズコーン（ロケットの先端の円すい形）をつくる。フィルム容器のある側とは反対側のはしに、コーンをテープでとめる（図2、3）。

③ 紙から小さな三角形を3枚切りぬいて、水平尾翼になるように、チューブの下の方に、等間隔にテープでとめる。このチューブのロケットにマーカーやステッカーでかざりつけをする（図4）。

④ ロケット発射に向けて、安全ゴーグルをつけ、ガムをかむ。ガムをかみながら、フィルム容器のロケットにきちっとふたをする練習をしておく。ガムがやわらかくなったら、フィルム容器のふたを取って、ふたの内側にかんだチューインガムを貼りつける。発泡性の錠剤を小さく割って、ガムにしっかり貼りつける。ふたははずしたままおいておく（図5）。

⑤ ロケットを上下逆さまにして、フィルム容器の半分まで水を入れる。

⑥ ロケットがひっくり返らない平らな場所を見つける。発泡性の錠剤がガムにしっかりくっついているか、もう一度確かめる。

⑦ ロケットを上下逆さまにしたまま、片手でフィルム容器の部分をもって、もう一方の手で発泡性の錠剤をくっつけたふたをもつ。フィルム容器にきっちりふたをする。錠剤が水につかないように注意する。

⑧ ロケットをひっくり返し、急いで平らな場所に置いたら、うしろへ下がる。錠剤と水との化学反応で生じる圧力が増していって、フィルム容器のふたをふき飛ばし、ロケットを空へ打ち上げるまで待つ。あせらないで待とう。発射まで30秒から1分くらいかかるから！（図6）

図1_フィルム容器のまわりに紙を巻く。

図2_先端につけるコーン（円すい形）を切りぬく。

図3_先端のコーンをロケットにテープでとめる。

図4_ロケットをかざりつける。

図5_フィルム容器のふたにかんだガムを貼りつけて、そこに割った発泡性の錠剤をつける。

おもしろさの裏にある科学

ロケットには3つの重要な力が働いている。推進力（ロケットをもち上げる力）、押さえこもうとする抵抗力（空気抵抗による、ロケットにさからう力）、そして重さ（ロケットの質量を引っぱり落とそうとする重力によって生じる力）だ。

水と発泡性の錠剤との化学反応で二酸化炭素ガスがつくられると、容器のなかの圧力が増していく。ガスはふたがふき飛ぶとフィルム容器から急激に放出される。この推進力がロケットを反対側へと押すのだ。これは「あらゆる動き（作用）には、同じ大きさで向きが反対の作用がある」という、ニュートンの第三

もっとクリエイティブに

水平尾翼の大きさや形を変えたらどうなるだろう？ロケットの落下をおそくするためのパラシュートをつくることはできるかな？

法則だ。抵抗力と重さのせいで、ロケットはすぐに地球に落ちてくる。

本物のロケットは、大きな推進力をつくり出すことができる量の燃料を積んでいるため、地球の大気の外へ行けるのだ。

50 簡単なストローのロケット

図3_息をふきかけてロケットを空中へ推進しよう。

材料

◎コピー用紙
◎定規
◎はさみ
◎えんぴつ
◎プラスチックのストロー
◎テープ

安全のための
コツとヒント

◎ロケットにテープを貼るとき、小さな子どもには手伝いが必要。

息で飛ばす
究極のロケットをつくってみよう。

手順

① 幅5cm 長さ21.5cmに紙を切る。ロケットの本体になる。

② この長方形の紙を縦長にして、えんぴつのまわりに巻いてテープでとめ、形づける（図1）。

③ ロケットからえんぴつをぬき取って、片方のはしを折り曲げてテープでとめる。これがロケットの先端になる。

④ 紙を三角形に切って水平尾翼をつくり、ロケットの先端とは反対側の、下の方にテープで貼る。水平尾翼は直角、または直角に近い角度で貼るといちばんうまくいく（図2）。

⑤ マーカーでロケットをデコレーションする。

⑥ ロケットをストローの先にかぶせ、息の力を利用して発射させる（図3）。

図1_えんぴつのまわりに紙を巻いてテープでとめる。

図2_ロケット用の水平尾翼をつくる。とめる。

おもしろさの裏にある科学

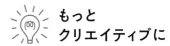

紙のロケットは、本物のロケットがどうやって大気中を飛んでいくのかを見せてくれる。

抵抗はロケットの行く手をじゃまする空気の力だ。重さも、重力がかかることによってロケットを引きずり下ろす。ロケットを軽くつくるほど（紙やテープの量を少なくする）、抵抗は少なくなって、もっと遠くへ飛んでいくよ！

水平尾翼はロケットの飛行を安定させる。水平尾翼の大きさと形は、ロケットをどれくらいうまく制御できるかに影響してくる。

もっとクリエイティブに

飛んだ距離を記録しておこう。自分のロケットはどれくらい遠くまで飛んだかな？　もっと長いのや短いロケットをつくって、飛行距離にどんな影響があるか調べてみよう。水平尾翼の形や数を変えたらどうなるかな？　発射する角度は飛行軌道にどれくらい影響するだろう？

51 空高く飛ぶ ペットボトルロケット

材料

◎ダンボールの箱（くつの箱など）
◎はさみ
◎炭酸飲料が入っていたペットボトル（1リットルか2リットルのもの）
◎ペットボトルの口にはまる大きさのコルク*
◎ギザギザのこぎり状のナイフ
◎水
◎自転車用空気入れ、または風船用空気入れ**
◎空気入れのノズル（口金）

* 訳注：ワインのコルクを用いる場合、コルクが細すぎるときはビニールテープで巻いてぴったりはまる太さにするとよい。

** 訳注：日本で入手しやすいタイプの風船用空気入れだとノズルがコルクにささりにくいため、ボールノズルのついたボール用の空気入れがおすすめ。

安全のためのコツとヒント

◎このロケットは遠くまで速く飛ぶので、空き地で大人が見守りながら飛ばすように。
◎発射台にロケットを置くときは、ボトルのコルクをはめた側が下を向き、ボトルの底が上を向いているのを確認すること。ボトルに空気を送りこむ前に、必ず目を保護するゴーグルなどをつけ、他の人たちがロケットよりしろに立っているようにする。

図5_空気圧がコルクと水をボトルから押し出すと、ロケットは反対側へと飛んでいく。

水と空気入れを使って ボトルロケットを打ち上げ、楽しく物理を学ぼう。

手順

① ダンボールの箱のふちを切り取って、ペットボトルを45度くらいの角度で逆さまに立てかけられるようにして発射台をつくる。このとき、空気入れのノズルをちゃんとボトルの口にはめられるように角度を調整しておく。

② ペットボトルの口の大きさにあったコルクを見つけておく。そのコルクを、大人がのこぎり状のナイフで半分に切る。半分に切った片方のコルクに空気入れのノズルを突きさして、反対側までさし通す。コルクスクリュー（ワインのせんぬき）で開いていた穴にそって入れると、やりやすい（図1）。

図1_空気入れのノズルを半分に切ったコルクに突き通す。

図2_ボトルの2/3まで水を入れる。

図3_ボトルを、底が上になって、自分と反対側を向くようにして発射台にセットする。

③ ペットボトルに2/3くらいまで水を入れる。コルクをさしたノズルを空気入れに装着して、コルクをボトルの口にはめる（図2）。

④ コルクの側が下になって、底が上になるようにして、ボトルをダンボールの箱にセットする。底は自分と反対側を向いているようにする（図3）。

⑤ 発射台のうしろに立ち、安全ゴーグルをつけて、打ち上げの準備をととのえる（図4）。

⑥ ボトルに空気を入れはじめる。ボトルロケットの上の方が泡立って、空気圧が高くなっていく。圧力が十分に高まると、その圧力によってコルクと水がボトルの口からすごい力で押し出される。水が下に噴出されるのと同時に、ロケットは上へ飛んでいく！（図5、6）

図4_ボトルに空気を入れはじめる。

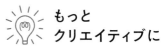
図6_発射！

おもしろさの裏にある科学

このロケットには水平尾翼も弾頭もノーズコーン（先端の円すい形）もないけれど、本物のロケットととてもよく似ている。NASAのロケットは推進力としてロケット燃料を利用し、このロケットは水を利用する。圧縮された空気が水をロケットから飛び出させると、ニュートンの第三法則「あらゆる動き（作用）には、同じ大きさで向きが反対の作用がある」のとおり、ロケットは反対側に動いていく。

もっとクリエイティブに

ロケットの水の量を増やしたり減らしたりしたら、どうなるだろう？

おいしく食べる電磁波の実験

材料

◎電子レンジ
◎大きなチョコレートバー、または
　スライスしたチーズ
◎電子レンジで使える平らな皿
◎定規
◎計算機

安全のための
コツとヒント

◎電子レンジを使うときは大人が
　見守る。
◎チーズを使うなら、よい結果を
　出すためにすべて同じ厚さにス
　ライスしておくこと。

図4_測定に基づいて、マイクロ波の速度を計算する。

マイクロ波のおよその速さを測って、
実験の残りは食べちゃおう。

● 手順

① 電子レンジの回転皿を取りのぞく。この実験は食べ物が動いてしまうと
うまくいかないからだ。

② 電子レンジに使える皿を裏返して、その上にチョコレートやチーズのス
ライスを、連続的な平面になるように並べる。チョコレートやチーズは、
電子レンジで跡をつけるための芸術家のキャンバスだと考えよう（図1）。

③ 皿を電子レンジに入れて、500wで30秒ほど（600wなら20秒ほど）
チョコレートやチーズを加熱する（図2）。皿は電子レンジに入れたまま、
溶けた部分があるかどうかチェックする。どこも溶けていなかったら、さらに
10秒加熱して、またチェックする。ちょっとでも溶けた部分が確認できたら、電
子レンジから皿を出す。

④ 定規を使って、溶けた場所と別の溶けた場所のあいだの距離を測る。
溶けた跡は、マイクロ波が同じ場所にくりかえし当たった場所で、波形
の一部をあらわしている。距離は6cm（0.06m）くらいになる（溶けた部分の
大きさと使った電子レンジの周波数により変わる）（図3）。

図1_回転皿を取りのぞいた電子レンジのなかにチョコレートバーをおく。

図2_チョコレートバーを電子レンジの強で15秒ほど加熱する。

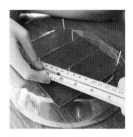
図3_定規を使って溶けた場所のあいだの距離を測る。

図5_めしあがれ！

⑤　波長を計算するため、まず測定値を2倍する。電子レンジは、実際のマイクロ波の波長の半分でピークに達する定常波をつくり出しているからだ。数値の小数点を左に2つずらして、センチメートルをメートルに変換する。

⑥　波長をメートルで計算したら、その数値を使って自分の電子レンジのマイクロ波のだいたいの速度を計算することができる。波長に自分の電子レンジの周波数を掛けるのだ。たいていの電子レンジの周波数は2,450,000,000ヘルツ（2.45ギガヘルツ）だけれど、電子レンジのラベルを確認しよう。
たとえば、この実験を何回かしたとして、溶けた場所のあいだの距離はふつうは5〜7cmになる。平均値は6cmで、これは0.06mだ。計算は次のようになる。

0.06m／波×2×2,450,000,000波／秒＝294,000,000m／秒

つまり、自分の電子レンジの電磁マイクロ波が移動する速度は、1秒間におよそ294,000,000mだと見積もることができる。

⑦　ここで得た結果と光の速さ（299,792,458m／秒）と比べてみよう。近いかな？ マイクロ波と光は同じ速さで移動するけれど、マイクロ波の方がずっと測りやすいんだ（図4）。

⑧　残った実験材料を食べよう（図5）。

おもしろさの裏にある科学

光とマイクロ波はどちらも電磁波（電磁放射線：EMR）だ。他の形態の電磁波には、電波や紫外線やX線などがある。
この放射線が移動する様子は、池の水の小さな波紋を想像するとよい。電磁波は波として空間を移動し、それぞれの電磁波のタイプごとに波長が違っている。マイクロ波の波長は可視光線よりもずっと長いため、測るのが簡単なのだ。
すべての電磁波は同じ速さで移動する。マイクロ波と光も同じ速さで移動するので、この実験でマイクロ波の速度を計算すれば、光の速さに近い結果を得るはずだ。

もっとクリエイティブに

実験を数回くりかえして、科学的な表記法で溶けた跡のあいだの距離の平均値を出そう。距離をより正確に測るためにはどうしたらよいだろう？ 他の食べ物や材料の方がうまくいくかな？

参考サイト（英語）

[化学]　　　　　　Adventures in Chemistry
https://www.acs.org/content/acs/en/education/whatischemistry/adventures-in-chemistry.html

[微生物学]　　　　Science Buddies - Interpreting Plates
https://www.sciencebuddies.org/science-fair-projects/references/interpreting-agar-plates

[気候]　　　　　　NASA - GLOBAL CLIMATE CHANGE
https://climate.nasa.gov/
NASA - Climate Kids
https://climatekids.nasa.gov/

[ロケットの科学]　NASA - Jet Propulsion Laboratory
https://www.jpl.nasa.gov/edu/
NASA Kid's Club
https://www.nasa.gov/kidsclub/

[水の循環]　　　　USGS - The Water Cycle for Schools and Students: Advanced students
https://water.usgs.gov/edu/watercycle-kids-adv.html

[ケイ効果]　　　　Skulls in the Stars - Physics demonstrations: A short discussion of the Kaye effect
https://skullsinthestars.com/2013/03/29/physics-demonstrations-a-short-discussion-of-the-kaye-effect/

[海洋／海洋酸性化]　National Oceanic and Atmospheric Administration
https://www.noaa.gov/
NOAA - PMEL CARBON PROGRAM
https://pmel.noaa.gov/co2

[再生可能エネルギー]　NREL - Science and Technology Highlights
https://www.nrel.gov/research/highlights/

[結晶]　　　　　　Smithsonian Education - Minerals, Crystals, and Gems
http://smithsonianeducation.org/educators/lesson_plans/minerals/minerals_crystals.html

[静電気]　　　　　LIBRARY OF CONGRESS - Everyday Mysteries - How does static electricity work?
https://www.loc.gov/everyday-mysteries/item/how-does-static-electricity-work/

[太陽科学]　　　　NASA - Solar Physics
https://solarscience.msfc.nasa.gov/

[宇宙と地球科学の　NASA
すべて]　　　　　https://www.nasa.gov/

謝 辞

わたしの家族、友人、先生、お手本になる人たちがいなければ、この本は存在しなかったでしょう。出会った順に、とくに次の方たちに感謝したいと思います。

母のジーン。台所で大胆であることを身をもって示したくれた料理の天才で、臨機応変に即興的でいられるようにわたしを訓練してくれました。わたしが失敗したり汚したりするのを見守ってくれました。

父のロン。わたしに科学を愛することを教えてくれた優秀な物理学者で、辛抱強く代数を教えてくれて、つねにわたしの好奇心を後押ししてくれました。いまだに物理学についての質問に答えてもらっています。

妹のカリン。いっしょに数え切れないほど裏庭や海辺や山々を探検しました。妹は、まだ本当に小さいころコンスターチの実験をしていました。

生涯の友、シーラ。エンジニアになるという夢を実現し、ピザの箱の太陽光オーブンのつくり方を教えてくれました。

親友のケン。たまたま、わたしの夫でもあって、毎日わたしを笑わせてくれて、わたしが家で物を書いたり実験をしたりできるように、一生懸命すぎるほど働いてくれています。

リチャード・スミスとジョン・ウッズ。自分たちの研究でわたしを信頼してくれて、セミナーや会合に出るようにすすめてくれるなど、わたしの科学への情熱にふたたび火をつけてくれました。

チャーリー、メイ、サラ。わたしの驚くべき子どもたち。再び子どもみたいに世界を見る助けになってくれて、アイディアとエネルギーと粘り強さで、日々わたしを刺激しつづけてくれます。

わたしを正気でいさせてくれて、つねにはげましの言葉をかけてくれる家族と友人全員、とくに執筆の指導者であるジェニファー・ジーン・パターソンと、はじめての執筆の仕事を確保してくれたマーサ・ウェルズ。

NASA。その支援プログラムや科学者、宇宙飛行士、職員、教育者、オンライン情報源が、わたしに刺激をあたえてくれています。

楽しいケイ効果の実験のための簡単な手順を考え出し、それをわたしの読者に共有させてくれたグレッグ・グブル博士など、サイエンスオンライン（Science Online）コミュニティのみなさん。

キム・インズレイとNBCテレビ支局のKARE11。科学を定期的に実演する機会をあたえてくれて、彼らの番組に科学教育を積極的に取り入れることを最優先に考えてくれました。

編集者のジョナサン・シムコスキーとレネ・ヘインズ、そしてクワリー・ブックス（Quarry books）。美しいカラー体裁の本で、わたしの科学への愛をより多くの読者とわかちあう助けになってくれました。

写真家のアンバー・プロカチーニ。それぞれの実験の大混乱の様子と色を鮮やかにとらえるために、数え切れないほどの時間を費やしてくれました。

ミネアポリス在住のアーティストでスタイリストのステイシー・メイヤー。この本に掲載された数々の最高の写真で、ヘアメイクとカラーコーディネイトをしてくれました。

ゾーイ、ジェニファー、モリー、レベッカ。美しいキッチンと裏庭を使わせてくれました。

笑顔でこの本のページを輝かせてくれる、かしこくて、おもしろくて、すてきな子どもたちとご両親たち。写真撮影に時間をさいてくれて、どうもありがとう。

監訳あとがき

〰〰〰〰〰〰〰

　私がキッチンサイエンスという言葉を意識し始めたのは、娘が小学生になってからのこと。私自身はサイエンス畑の仕事をしているのに、娘は、あまりサイエンスに興味がないらしい。一大事である。いろいろと実験をやろうと提案しても、娘の興味はアニメだったり、ゲームだったり、フラダンスだったりして、乗り気にならない。

　そんなある日、紫キャベツで「リトマス試験紙」を作って、いろんなものがどれくらい酸性かアルカリ性かを調べる実験を提案したら、「やるやる！」と、食いついてきた。不思議だ。

　そんなことが何回か続き、とうとう私は原因を理解した。そう、料理好きの娘にとって、キッチン回りにある素材を使った実験は、「さあ、がんばって小難しい科学実験をやるんだ」ではなく、「いつもと同じキッチンで楽しいことをやりますよ〜」という位置づけだったのである。そんなわけで、いま娘は、この本の中にある菌の培養実験に夢中だったりする。

　電気実験は「電子の移動」が複雑で、少々、混乱するらしいが、そういった理論は中学以降に理解しても遅くはない。まずは、楽しむこと。それがサイエンス好きの子どもを育てる秘訣だと思う。

　ちなみに、この本の手順にしたがって実験してみても、良い結果が出ないことだってある。微妙に素材や条件が整わないのが原因だ。でも、科学者だって、毎日、同じ目に遭っている。というか、うまくいかない原因を考えて改善するのも立派なサイエンスであり、簡単に結果を出すことが目的ではないのだ。

　どうか、親子でキッチンサイエンスと格闘してみてください。苦労が多ければ、うまくいったときの笑顔も大きくなる。それがサイエンスの醍醐味なのです。

　本書の翻訳企画はオライリー・ジャパンの関口伸子さんに全面的にお世話になりました。いくつかの実験は訳者と関口さんで実際に試してみました。ここに記して感謝の意を表したいと思います。

竹内 薫

[著者]

Liz Lee Heinecke（リズ・リー・ハイネケ）

物心がついてはじめてチョウチョを観察して以来、科学を愛してきた。分子生物学の研究に10年間たずさわり、修士号を取得したあと、専業主婦という人生のあらたな章の幕をあげるために研究所を離れる。やがて、3人の子どもたちが成長するにつれ、自分と同じように科学好きであることに気づき、The Kitchen Pantry Scientist（https://kitchenpantryscientist.com/）というウェブサイトを立ちあげ、子どもたちが科学の世界を冒険する様子をアップする。科学への情熱を広めたいという思いから、地元のNBCテレビ支局でレギュラーコーナーを持ったり、NASAの地球アンバサダー、そしてiPhoneアプリづくりへと活動を広げていく。親があらゆる年齢の子どもといっしょに科学を楽しみやすくすること、そして、子どもが自分たちだけで安全に行える実験の提案を目標としている。ミネソタ州在住。子どもたちと口げんかをしたり、自分のウェブサイトを更新したり、「KidScience」アプリをアップデートしたり、看護学生たちに微生物学を教えたり、歌ったり、バンジョーを弾いたり、絵を書いたり、ランニングをしたり…と、家事をサボるためにありとあらゆることをして過ごしている。ルーサー・カレッジを卒業し、ウィスコンシン大学で細菌学の修士号を取得している。

[監訳]

竹内 薫（たけうち かおる）

サイエンス作家。1960年東京生まれ。東京大学理学部物理学科卒、マギル大学大学院博士課程修了（Ph.D.）。科学応援団として、本だけでなく、テレビでもおなじみ。著書に『宇宙のかけら』『99.9％は仮説』など。絵本を翻訳した作品に『重力って……』がある。現在は、妻と娘と猫たちと横浜で暮らす。

[訳]

竹内 さなみ（たけうち さなみ）

翻訳家、詩人。1963年東京生まれ。青山学院大学文学部英米文学科卒業。子ども時代をニューヨークですごす。著書に『シュレンディンガーの哲学する猫』など。竹内 薫は兄。鎌倉在住。

キッチンサイエンスラボ

親子で楽しむ 52 の科学体験

2020年　8月12日 初版第1刷発行

著者	Liz Lee Heinecke（リズ・リー・ハイネケ）
監訳者	竹内 薫（たけうち かおる）
訳者	竹内 さなみ（たけうち さなみ）

発行人	ティム・オライリー
デザイン	中西要介（STUDIO PT.）、
	根津小春（STUDIO PT.）、寺脇裕子

印刷・製本	日経印刷株式会社

発行所　　株式会社オライリー・ジャパン
　　　　　〒160-0002 東京都新宿区四谷坂町12番22号
　　　　　Tel (03) 3356-5227 Fax (03) 3356-5263
　　　　　電子メール japan@oreilly.co.jp

発売元　　株式会社オーム社
　　　　　〒101-8460 東京都千代田区神田錦町3-1
　　　　　Tel (03) 3233-0641 (代表) Fax (03) 3233-3440

Printed in Japan (ISBN978-4-87311-915-1)